THEODOR VIEWEG: SCHIFFSMODELLBAU II – DETAIL UND AUSRÜSTUNG

Theodor Vieweg

SCHIFFS-MODELLBAU II

Detail und Ausrüstung

NV NECKAR-VERLAG · VILLINGEN-SCHWENNINGEN

ISBN 3-7883-0129-5

Printed in Germany by Baur-Offset GmbH & Co. KG., 7730 Villingen-Schwenningen.

Inhaltsverzeichnis

Vorwort

Das Aussehen eines Schiffsmodells hängt neben seiner Oberflächenbehandlung auch von der Ausführung der Aufbauten und Ausrüstungsgegenstände ab. Je sorgfältiger und genauer hier gearbeitet wird, um so eindrucksvoller ist das dem Betrachter vermittelte Bild. Bei Baukastenmodellen ist dem Modellbauer nur ein begrenzter Spielraum gegeben und beschränkt sich überwiegend darauf, einzelne Teile detaillierter auszuarbeiten.

Sofern nach Vorlagen in Form von Zeichnungen und Abbildungen gearbeitet wird, ergeben sich bei den Aufbauten und Ausrüstungsteilen oftmals Unklarheiten. Die Generalpläne der Werften zeigen neben der Seiten- und Draufsicht in den meisten Fällen nur noch die Aufteilung der einzelnen Decks. Spantenriß, Ansichten von Bug, Heck und Brückenaufbau sowie Zeichnungen von Einzelteilen fehlen ganz. Wesentlich günstiger sieht es dagegen bei den Bauplänen aus. Neben den für den Rumpfbau benötigten Rissen bringen sie außer der Seiten- und Draufsicht, die Bug- und Heckansicht sowie eine Reihe hieraus nicht erkennbarer Einzelteile. Die detaillierte Darstellung kommt jedoch meistens etwas zu kurz. Hierfür gibt es mehrere Gründe. Einmal würden entsprechende Zeichnungen den Plan wesentlich umfangreicher und damit auch teurer machen. Zum anderen wird das Wissen um Einzelheiten bei denjenigen, die nach Plan bauen, als weitgehend bekannt vorausgesetzt. Bei besonders hohen Ansprüchen in bezug auf Vorbildgetreue werden vielfach Bücher und Bilder als Bauhilfen mitverwendet. Sofern es sich um noch in Fahrt befindliche Vorbilder handelt, wird versucht – oft im Rahmen einer Urlaubsreise – entsprechende Fotos aufzunehmen. Vielfach ergibt sich dann, daß das Original infolge von Umbauten nicht mehr den vorhandenen Unterlagen entspricht. Bei älteren Schiffen bieten Museen oftmals Anregungen bei der weiteren Gestaltung. Auch hier ist zu berücksichtigen, daß nicht alle Modelle den gleichen Bauzustand aufweisen müssen und Abweichungen möglich sind. Günstig ist immer, bei dem einmal gewählten Ausrüstungszustand zu bleiben und nicht ebenfalls mit nachträglichen Umbauten anzufangen.

Da es eine Reihe allgemeiner Grundkonstruktionen und Ausführungsformen gibt, sollen sie hier in Form von Beschreibungen und Zeichnungen sowie Fotos vom Original und Modell, Anregungen für die Ausgestaltung eines Schiffsmodells geben. Für manchen Modellbauer ist es schwierig, bei den Ausrüstungsteilen die dem Verkleinerungsmaßstab entsprechenden Abmessungen zu bestimmen. Soweit wie möglich erfolgen daher auch Angaben über Originalabmessungen. Letztere brauchen dann nur durch den jeweiligen Baumaßstab geteilt werden. Um schiffbauliche Fehler in Form zu kleiner oder zu großer Ausrüstungsteile zu vermeiden, wurden maßbedingte Vorschriften aus den UVV-See (Unfallverhütungsvorschriften für Unternehmen der Seefahrt) berücksichtigt.

Wenngleich auch letzte Fragen nicht immer vollständig beantwortet werden können, so mögen doch die hier gemachten Angaben den angehenden und auch schon etwas erfahrenen Schiffsmodellbauer viele Hinweise vermitteln.

Bendestorf, im Herbst 1986 — Theodor Vieweg

1. Das Schiff als Vorbild

1.1 Abmessungen

Für den Vergleich zwischen Schiffen geben die Hauptabmessungen, wie Länge, Breite, Höhe, Tiefgang und weitere, die äußeren Ausdehnungen an. Bedingt durch die vielen Schiffsformen wurden für die Abmessungen Normen geschaffen, die in den Vorschriften der Klassifikationsgesellschaften sowie den Freibord- und Vermessungsvorschriften festgelegt sind. Die ebenfalls in Schiffsmodell-Bauplänen erscheinenden Abmessungen ergeben sich aus Bild 1.1.1.

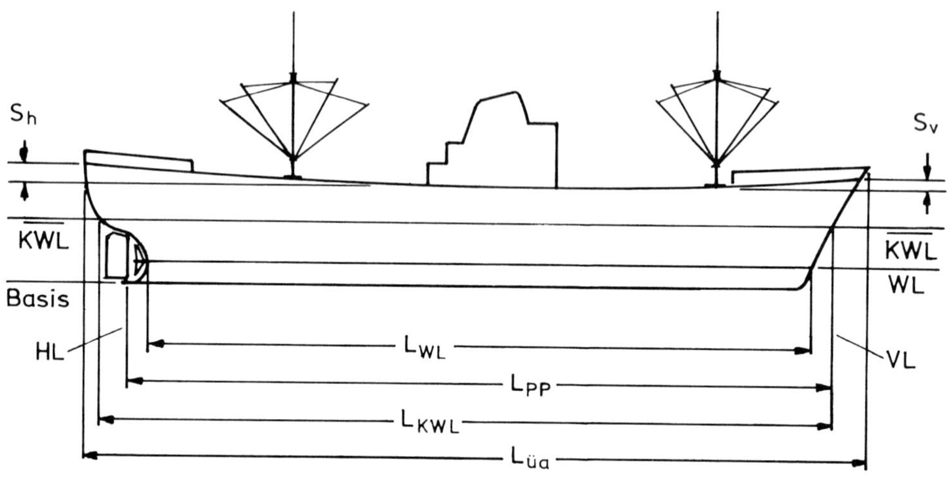

Bild 1.1.1 Längenabmessungen eines Schiffes

Die Abkürzungen für die einzelnen Abmessungen entsprechen der in Deutschland üblichen Bezeichnung bzw. der ITTC (International Towing Tank Conferenz). Da beide Benennungen gebräuchlich sind, werden neben den deutschen Abkürzungen in Klammern die der ITTC gegeben. Es bedeuten im einzelnen:

KWL	(CWL)	– Schwimmwasserlinie des Schiffes bei errechnetem Konstruktionstiefgang
WL	(–)	– Schwimmwasserlinie parallel zur Konstruktionswasserlinie
$L_{üa}$	(L_{OA})	– Länge über alles, Abstand zwischen dem hintersten und vordersten festen Punkt des Schiffes
L_{KWL}	(L_{CWL})	– Länge der Konstruktionswasserlinie
L_{pp}/LL	(L_{pp})	– Länge zwischen den Loten (Perpendickeln)
L_{WL}	(L_{WL})	– Länge in der Schwimmwasserlinie

HL (–) – Hinteres Lot, Senkrechte durch den Schnittpunkt der KWL mit Hinterkante Rudersteven bzw. Mitte Ruderschaft. Das HL fällt in Bauplänen mit dem Bauspant 0 zusammen

VL (–) – Vorderes Lot, Senkrechte durch den Schnittpunkt der KWL mit der Vorderkante des Steven

S_h/S_v (–) – Hinterer bzw. vorderer Sprung, senkrechter Abstand des Hinter- bzw. Vorderdecks zwischen dem niedrigsten Punkt dieses Decks (Seite) bis zum hinteren bzw. vorderen Lot mittschiffs

Basis (–) – Horizontale Ebene parallel zur KWL, die durch Oberkante Kiel im Schnittpunkt mit dem Hauptspant verläuft

Nach den die Längen des Schiffes betreffenden Abmessungen bringt Bild 1.1.2 weitere, im Schiffbau übliche Angaben und Breitenmaße.

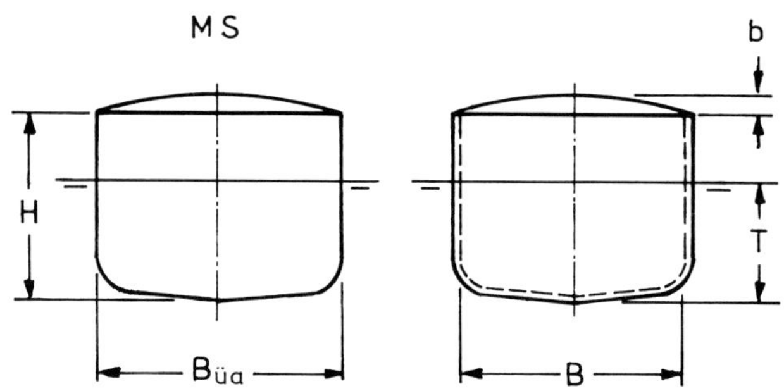

Bild 1.1.2 Breiten- und Höhenmaße am Schiff

MS (–) – Mitte Schiff ist die Mittschiffs- oder Symmetrierebene des Schiffes in Längsrichtung

$B_{üa}$ (B_{OA}) – Breite über alles, breiteste Stelle des Schiffes, gemessen über alle festen Aufbauten, wie z. B. Scheuerleiste bei Schleppern

B (B) – Breite auf Spanten, bezogen auf die breiteste Stelle auf Außenkante Spant (Mallkante) ohne Berücksichtigung der Außenhaut

H (H) – Seitenhöhe von der Basis bis Unterkante Beplattung (Mallkante Decksbalken) eines Decks auf halber Schiffslänge

T (T) – Konstruktionstiefgang von der Basis bis zur KWL auf halber Schiffslänge

b (–) – Balkenbucht, Höhenunterschied zwischen Seite und Mitte Deck an seiner breitesten Stelle

Neben diesen Hauptabmessungen sind eine Reihe weiterer Begriffe gebräuchlich, deren Bedeutung und Abkürzungen ebenfalls für den Modellbauer von Interesse sind. Unter Spant wird im Linienriß ein Konstruktionsspant und in Bauplänen ein Bauspant verstanden. Von ihnen ist der mit der größten eintauchenden Fläche der Hauptspant. Die Verdrängung des Schiffes auf Spanten wird mit V ($\triangledown$) bezeichnet.

Freibord F ist der senkrechte Abstand von der KWL bis Oberkante Deck an der Seite auf halber Schiffslänge. Abweichend vom Konstruktionstiefgang T wird, sofern vorderer und hinterer Tiefgang voneinander abweichen, zwischen Tg_v – Tg_h – Tg_m (vorne, hinten, Mitte) unterschieden.

1.2 Deckanordnungen

Einen wesentlichen Teil eines Schiffes bilden die einzelnen Decks mit ihren Aufbauten. Je nach ihren Anordnungen und Aufgaben ergeben sich eine Reihe hinweisende Bezeichnungen. In Bild 1.2.1 sind mögliche Bauformen von Handelsschiffen dargestellt, die sich sinngemäß auch auf andere Schiffstypen übertragen lassen. In den Zeichnungen sind die Deckshäuser schwarz gekennzeichnet.

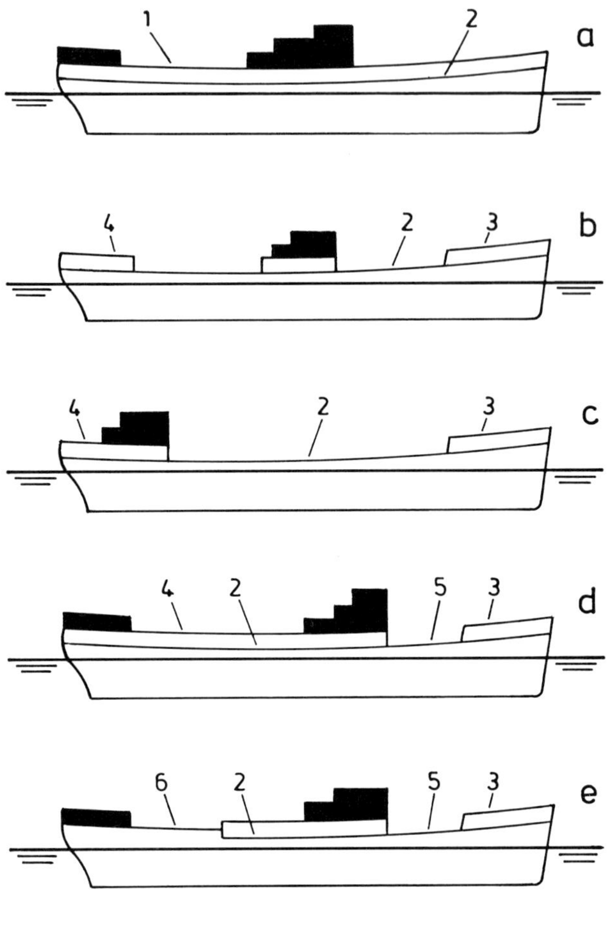

Bild 1.2.1 Schiffstypen und Deckanordnungen
a) Schutzdecker
b) Dreiinselschiff
c) Schiff mit Back und Poop mit Aufbau
d) Welldecker
e) Welldecker mit Quarterdeck

1) Schutzdeck
2) Hauptdeck
3) Backdeck
4) Poopdeck
5) Welldeck
6) Quarterdeck

Der Schiffsrumpf wird mit dem Hauptdeck und einer festen Verschanzung nach außen abgeschlossen. Die Verschanzung ist unten mit Öffnungen versehen, damit überkommendes Wasser schnell abfließen kann. Gelegentlich befindet sich über dem Hauptdeck noch ein weiteres Schutzdeck. In den meisten Fällen sind jedoch auf dem Hauptdeck, vorne, mittschiffs und/oder hinten, weitere, in ihrer Ausdehnung begrenzte Decks angeordnet. Während die Back das Schiff gegen Überkommen von Seen schützen soll, dienen übereinander angeordnete Decks der freien Sicht. Den Abschluß des Brückendecks nach oben bildet das Peildeck.

1.3 Deplacement

Den meisten Modellbauern ist die Geschichte der großen Vorbilder ihrer Modelle bekannt. Jedoch können sie oft mit dem Wort Deplacement und den damit zusammenhängenden Begriffen wenig anfangen. Dabei werden Fragen hiernach in allen Häfen der Welt und an zahlreichen Seewegen unzählige Male am Tage gestellt.

Mit Deplacement wird die Verdrängung in Tonnen des bis zur zulässigen Tieflademarke beladenen Schiffskörpers bezeichnet. Die metrische Tonne (t) beträgt 1000 kg und gilt zwischen den Ländern mit metrischem System. Daneben gibt es die englische Tonne – long ton – (lgt oder T) mit 1016 kg und die nordamerikanische Tonne – short ton – (sht) mit 907 kg.

Die Eintauchtiefe des unbeladenen Schiffes entspricht dem Leergewicht. Hierzu gehören der voll ausgerüstete Schiffskörper einschließlich der betriebsklaren Maschinenanlage. Die Differenz zwischen Deplacement und Leergewicht ergibt die Tragfähigkeit – deadweight all told – (tdw). Sie umfaßt neben der Fracht, Besatzung und Passagiere sowie alle Vorräte für Betrieb und Verpflegung. Da die Dichte von Süß- und Salzwasser nicht gleich ist, ergeben sich für die einzelnen Fahrgebiete unterschiedliche Eintauchtiefen.

Neben der Gewichtstonnage spielt die Raumtonnage eine wichtige Rolle. Das Raummaß der Registertonne entspricht 100 engl. Kubikfuß = 2,83 m^3. Bisher gaben die Bruttoregistertonnen (BRT) den umbauten Raum an. Nationalen Vorschriften entsprechend, wurden jedoch teilweise bestimmte Räume nicht berücksichtigt. Nunmehr wird von der BRZ (Bruttoraumzahl) ausgegangen, bei der einheitlich alle geschlossenen Räume eines Schiffes eingemessen werden. Die Nettoregistertonnen (NRT) umfassen alle Laderäume und Passagierkabinen, jedoch nicht den Maschinenraum, die Navigations- und Besatzungsräume, Kabelgatt usw. Die ermittelten Größen sind Bestandteil des Schiffmeßbriefes, nach dem Hafen-, Lotsen- und Kanalgebühren sowie Steuern festgesetzt werden. Gleichfalls hat er Bedeutung für die technische Ausrüstung. In Bild 1.3.1 geben die schwarz ausgefüllten Flächen die jeweiligen Bereiche an.

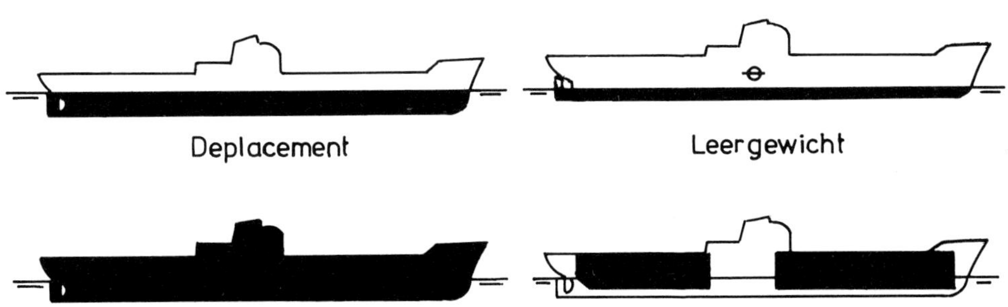

Bild 1.3.1 Vermessung eines Schiffes

Das Verhältnis von Schiffseigengewicht zur Tragfähigkeit ist bei den einzelnen Schiffstypen sehr unterschiedlich. Mit einem Anteil des Schiffseigengewichtes am Deplacement von ca. 20 % bei Tankern und etwa 30 % bei Frachtschiffen ergibt die Tragfähigkeit mit ungefähr 80 und 70 % recht günstige Verhältnisse. Am ungünstigsten liegen die Mittelwerte bei Schleppern und Eisbrechern, nämlich um 20 % Tragfähigkeit und 80 % Eigengewicht.

1.4 Details in der Verkleinerung

Die Vorbilder für Schiffsmodelle umfassen nicht nur einen großen Zeitabschnitt, sondern auch eine Vielzahl von Schiffstypen. Hierdurch ergeben sich sehr unterschiedliche Aufbauten und Details. Eine besondere Bedeutung kommt dem gewählten Maßstab zu. In den allgemein üblichen Modellängen zwischen 100 und 150 cm werden, je nach Schiffstyp, vorzugsweise die geraden Maßstäbe 1:25, 1:50, 1:100 und 1:200 gewählt. Bei gleichen Modellabmessungen werden in den Maßstäben 1:25 und 1:50 weniger, aber besser auszuarbeitende Teile als bei den Maßstäben 1:100 und 1:200 benötigt. Bei letzteren steigt zwar ihre Anzahl, jedoch läßt sich für den Fahrbetrieb manches stilisieren. Daneben gibt es bei Standmodellen auch noch in Verkleinerungen bis 1:1000 hervorragende Detaillierungen.

Verständlicherweise besteht bei den meisten Modellbauern der Wunsch nach einem möglichst attraktiven Modell. So waren lange Zeit Seenotrettungskreuzer und Feuerlöschboote sehr beliebt, mit denen zusätzliche Funktionen, wie das Aussetzen eine Tochterbootes bzw. die Betätigung einer Wasserkanone, gezeigt werden konnten.

Vielfach hängt die Entscheidung für ein Schiffsmodell von dem guten Aussehen des großen Vorbildes ab. Immer wird es Modellbauer geben, die Höchstleistungen anstreben und diese auf Wettbewerben unter Beweis stellen. Da der Bau eines Schiffsmodells Monate und mitunter auch Jahre dauert, sollten sich alle Modellbauer vorher Gedanken über die praktische Ausführung der Aufbauten und Details machen. In allen Fällen ist es besser, ein einfaches Modell gut und sauber zu bauen, als bei einem anspruchsvolleren vieles zu vernachlässigen. Im folgenden soll an einer Reihe von Schiffstypen die Möglichkeiten der Detailgestaltung aufgezeigt werden.

Bild 1.4.1 bringt einen ohne große Schwierigkeiten zu erstellenden Frachter der Binnenschiffahrt. Als Modell kaum gebaut und daher fast einmalig auf unseren Gewässern.

Bild 1.4.1 Frachter der Binnenschiffahrt

Das Küstenmotorschiff aus Bild 1.4.2 ist im Bau etwas aufwendiger, stellt aber auch einen wenig nachgebauten Schiffstyp dar.

Bild 1.4.2 Küstenmotorschiff als Vorbild

Besonders interessant wirken auch Spezialschiffe wie aus Bild 1.4.3. Infolge der großen freien Fläche an Deck ergeben sich nur relativ wenige Aufbauten, wodurch die Bauzeit des Modells niedrig gehalten wird.

Bild 1.4.3 Kümo STEENBORG

Für den in Bild 1.4.4 gezeigten Tonnenleger ergibt sich im Maßstab 1:25 ein etwa 1 m langes Modell. Die Einzelteile sind so groß, daß eine verhältnismäßig einfache Bearbeitung möglich ist. Das gleiche gilt für den Kran, sofern hierfür gute Zeichnungen vorhanden sind.

Bild 1.4.4 Tonnenleger KONRAD MEISEL

Bei Frachtern zwischen 100 und 150 cm Länge kommt der Maßstab 1:100 in Betracht. Im Gegensatz zu dem Tonnenleger sind bei dem Schiff in Bild 1.4.5 alle Teile nur noch halb so groß. Hier erfordern die Ladebäume ein besonderes Fertigungsgeschick.

Bild 1.4.5 Fracht- und Passagierschiff

Besonders viele Einzelteile weisen große Passagierschiffe auf, die vorzugsweise im Maßstab 1:200 gebaut werden. Die Teilansicht eines solchen Modells bringt Bild 1.4.6, aus der die Detailgestaltung gut zu erkennen ist. Auf eine Funktionsfähigkeit, z. B. der Davits, muß hier allerdings verzichtet werden.

Bild 1.4.6 Teilansicht vom Modell eines Passagierschiffes

Nachbauten der Schiffe vom Anfang dieses Jahrhunderts, wie der Passagier- und Frachtdampfer aus Bild 1.4.7, stellen einige Anforderungen an das Wissen um das Aussehen zur damaligen Zeit. Bei einer Originalgröße von knapp 100 m kommt der Maßstab 1:100 in Betracht.

Bild 1.4.7 Fracht- und Fahrgastdampfer PRÄSIDENT

Da das Containerschiff aus Bild 1.4.8 über keine eigenen Ladebäume verfügt, entfällt die zeitraubende Arbeit hierfür. Bei einem Maßstab von 1:200 läßt sich beim Brückenaufbau vieles stilisieren.

Bild 1.4.8 Containerschiff STUTTGART EXPRESS

Die folgenden Bilder 1.4.9 und 1.4.10 enstanden von einer Brücke über den Nord-Ostsee-Kanal bei Albersdorf. Sie vermitteln sehr eindrucksvoll die Vielzahl der auf und über Deck befindlichen Teile. Ohne ausreichendes Bildmaterial würde ein Nachbau sehr schwierig sein.

Bild 1.4.9 Anordnung der auf und über Deck befindlichen Ausrüstungsgegenstände

Bild 1.4.10 Die Vielzahl der an Deck befindlichen Teile erfordert genaue Unterlagen

Abgesehen von dem Brückenaufbau am Heck des Tankers aus Bild 1.4.11 besteht die weitere Ausarbeitung in der Darstellung der an Deck befindlichen Rohre und Laufstege. Besonders interessant ist das vorbildgetreue Fahren mit unterschiedlichen Eintauchtiefen.

Bild 1.4.11 Großtanker ESSO HAMBURG

1.5 Vorbildgetreue

Vielfach ist im Schiffsmodellbau von einem vorbildgetreuen Nachbau die Rede. Hierdurch soll zum Ausdruck gebracht werden, daß das Modell genau dem großen Vorbild entspricht. Daneben sprechen immer noch einige Modellbauer von einem „naturgetreuen“ Nachbau. Da Schiffe nicht zur Natur gehören, ist diese Bezeichnung falsch. Nach wissenschaftlichen Untersuchungen gibt es auf der ganzen Erde keine zwei absolut gleichen Dinge, so daß das höchste Maß an Vollkommenheit immer nur die Ähnlichkeit sein kann. Daher wird seit einiger Zeit auch bei den Herstellern von Baukästen und Einzelteilen von einem vorbildähnlichen Modellbau gesprochen.

Wie groß kann nun diese Ähnlichkeit sein? Sie ist in erster Linie abhängig von den Bauunterlagen in Form von Werftplänen, weiteren Zeichnungen und Fotos. Hierbei wird vielfach übersehen, daß alle diese Vorlagen nur das Aussehen des Schiffes zu einem ganz bestimmten Zeitpunkt wiedergeben. Da aber nicht die Pläne und Aufnahmen zur gleichen Zeit entstanden sind, ergeben sich hierdurch die ersten voneinander abweichenden Angaben. Um dieses besser verstehen zu können, einige Ausführungen zum Werdegang eines Schiffes.

Bei der Planung eines Schiffes entsteht zuerst der Vorentwurf. Nach ihm ergeben sich mehr oder weniger viele Änderungen, Berichtigungen und Verbesserungen, die im Generalplan zusammengefaßt werden. Da sich der Bau über eine längere Zeit hinzieht, sind weitere Änderungen wahrscheinlich. Wenn während der Ausrüstungszeit bereits ein Teil der Stammbesatzung an Bord ist, werden von ihr vielfach Änderungswünsche angemeldet. Sofern von einem Schiffstyp weitere Schwesterschiffe gebaut werden, kann davon ausgegangen werden, daß sich infolge der zeitlichen Verschiebung keine zwei Schiffe befinden, die absolut gleich sind.

Zwangsläufig wird mit den baulichen Veränderungen auch der Generalplan geändert, so daß es dann von ihm mehrere, wenn auch nur bedingt unterschiedliche Ausführungen gibt. Dem Modellbauer ist es unmöglich, zu kontrollieren, nach welchem dieser Werftpläne die Modellbau-Unterlagen erstellt wurden. Aus verständlichen Gründen ist die Bereitschaft der Werften gesunken, Planunterlagen abzugeben. Werden doch einmal Außenstehenden Pläne überlassen, ist es mehr als fraglich, ob es sich hierbei um den letzten Bauzustand handelt. Eher ist das Gegenteil der Fall.

Die Beurteilung eines Bauplanes wird vom Modellbauer überwiegend durch Vergleich mit Fotos des großen Vorbildes vorgenommen. Hier ergeben sich zwangsläufig, bedingt durch den zeitlichen Abstand, mehr oder weniger große Abweichungen. Die Ursachen liegen neben den schon beim Bau getroffenen Änderungen, auch bei den anläßlich der bei Werftüberholungen vorgenommenen Umbauten. Hieraus mag auch der letzte Zweifler die Erkenntnis gewinnen, daß die Ähnlichkeit auch im Schiffsmodellbau das höchste erreichbare Ziel ist.

Je länger ein Schiff im Fahrbetrieb bleibt, um so häufiger verändert sich auch sein Aussehen im Laufe der Jahre. Damit wird es für den Modellbauer schwierig, sich für einen bestimmten Bauzustand zu entscheiden. Wie sehr sich ein Schiff verändern kann, zeigen die folgenden Fotos. Bild 1.5.1 bringt die Aufnahme des bekannten Bergungsschleppers „Seefalke“ Mitte der 20er Jahre.

Bild 1.5.1 Seeschlepper SEEFALKE Mitte der 20er Jahre

Nach der Versenkung 1945 wurde der Schlepper 1950 umgebaut und 20 Jahre später ausgemustert. Bild 1.5.2 zeigt den jetzt im Bremerhavener Museumshafen liegende Schlepper mit wesentlich verändertem Aussehen.

Bild 1.5.2 SEEFALKE im Bremerhavener Museumshafen

2. Fertigteile oder Eigenbau

Die Frage nach der Verwendung von Fertigteilen oder dem Eigenbau bei der Ausrüstung eines Schiffsmodells stellt sich für den Baukasten-Verwender nicht. Entweder gehören die Beschlagteile zum Baukasten bzw. werden als getrennter Bausatz angeboten. Bei allen anderen Modellbauern wird die Entscheidung durch den tragbaren finanziellen Aufwand, dem handwerklichen Können und die Lust zum Selbstbau bestimmt.

Das Angebot der Industrie an Fertigteilen aus Kunststoff und Metall ist heute so umfangreich, daß es sich nur größere Modellbau-Fachgeschäfte erlauben können, alle lieferbaren Teile vorrätig zu haben. Die Kunden kleinerer Fachgeschäfte können sich aus den Katalogen die benötigten Einzelteile heraussuchen und über ihren Fachhändler bestellen. Hierbei ist zu beachten, daß einige Artikel von mehreren Firmen angeboten werden. Nachteilig ist, daß in einigen Fällen die Teile nicht einzeln, sondern nur abgepackt in größerer Menge abgegeben werden.

Eine kleine Auswahl der angebotenen Ausrüstungsteile zeigen die folgenden Bilder. So sind diese nach Bild 2.1 die verschiedenen Ausführungen von Schrauben, Anker und Winden sowie eines Steuerrades.

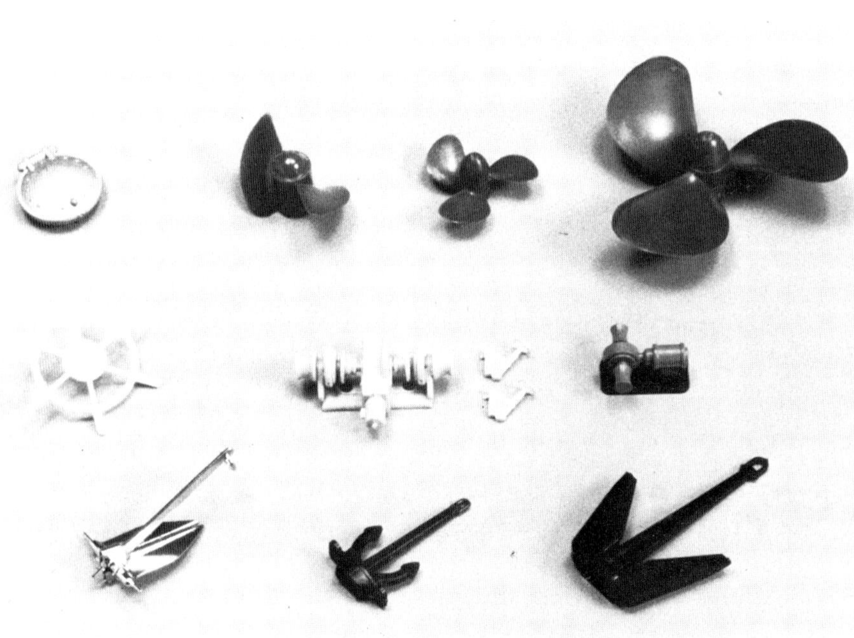

Bild 2.1 Ausrüstungsteile für Schiffsmodelle (Simprop)

Noch mehr Beschlagteile bringt Bild 2.2. Hier sind es unter anderen Fensterrahmen, Davits, Rettungsboot, Leitern, Türen, Lüfter, Flaggenstöcke, Rettungsring, Peilrahmen, Radar, Relingstützen und Positionslampen.

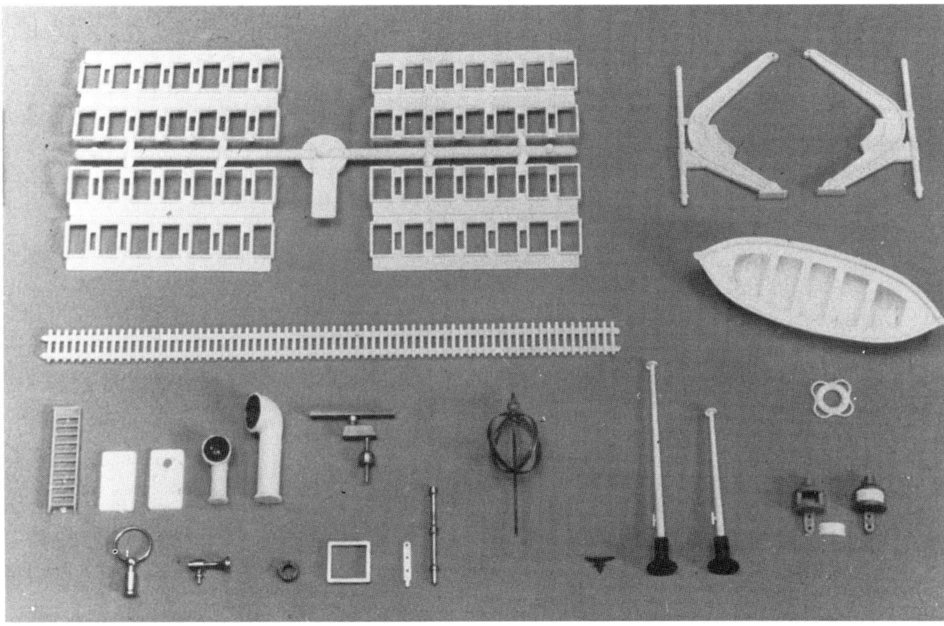

Bild 2.2 Fertigteile für Schiffsmodelle (Simprop)

Ein wesentlicher Nachteil bei den Fertigteilen ist, daß es sich hierbei nur begrenzt um Verkleinerungen in den überwiegend im Modellbau verwendeten geraden Maßstäben handelt. Die Aufbauteile entsprechen zum größten Teil denjenigen der Beschlagsätze für Baukästen in ungeraden Maßstäben. Aus diesem Grund findet man bei keinem Teil Angaben über den Verkleinerungsmaßstab.

Bei den vorwiegend verwendeten Maßstäben 1:25, 1:50 und 1:100, müßte ein bestimmtes Teil im Maßstab 1:100 ein viertel so groß sein wie im Maßstab 1:25 oder die halben Abmessungen des Maßstabes 1:50 aufweisen. Um nochmals auf Bild 2.2 zurückzukommen, trifft dieses weder bei den Lüftern noch bei den Flaggenstöcken zu.

Wie leicht der Modellbauer die falschen Größen wählen kann, soll hier am Beispiel von Relingstützen gezeigt werden. In den recht umfangreichen Katalogen namhafter Großfirmen werden etwa 16 verschiedene Längen angeboten. Die Abmessungen betragen: 6 – 9 – 10 – 11 – 12 – 15 – 16 – 20 – 25 – 27 – 30 – 33 – 35 – 40 – 48 und 50 mm. Bei Zugrundelegung einer Originalhöhe der Relingstützen von einem Meter ergeben sich hieraus die Verkleinerungsmaßstäbe: 1:167 – 111 – 100 – 91 – 83 – 67 – 63 – 50 – 40 – 37 – 33 – 30 – 29 – 25 – 21 und 20. Da der nach Plan arbeitende Modellbauer überwiegend gerade Maßstäbe bevorzugt, bleiben ihm von den 16 angebotenen Größen lediglich noch 3!

Nachdem dieses leider kein Einzelfall ist und an anderen Teilen beliebig wiederholt werden kann, sollte vor jedem Kauf die dem Modellmaßstab entsprechende Größe bestimmt werden. Neben einer unsauberen Oberflächenbehandlung ist nichts so störend, wie unter- oder überdimensionierte Ausrüstungsteile.

3. Material und Werkzeug

Gegenüber einem Schiffsmodell sind die Abmessungen der Ausrüstungsteile wesentlich geringer. Damit verringert sich zwar die erforderliche Materialmenge, nimmt dafür aber in seiner Vielfalt zu. Grundsätzlich wirft der erfahrene Modellbauer nichts weg. In einem besonders hierfür vorgesehenen Karton wird alles gesammelt, was vielleicht einmal als Ausgangsmaterial dienen könnte. Hierzu gehören Holz- und Kunststoffreste, Metallabschnitte, ja selbst alte Kugelschreiberminen und leere Blechdosen sowie Zahnräder ausgeschlachteter Uhren oder ähnlichem. Zusätzlich gekauft werden müssen in erster Linie Profil- und Rundmaterial sowie Bleche aus Messing und Aluminium. Ferner Ms-Draht und Holz in unterschiedlichen Formen.

Als Werkzeug kann überwiegend das bereits beim Schiffsmodell benutzte verwendet werden. Eine Bohrmaschine mit einem Satz Bohrer möglichst kleiner Durchmesser ist kaum entbehrlich. Hilfreich sind auch die ausgebrauchten Bohrer der Zahnärzte. Da vielfach Rundteile anfallen, wäre eine kleine Drehmaschine bzw. ihre zeitweise Mitbenutzung wünschenswert.

Ein elektrischer Lötkolben sowie ein Satz Schlüsselfeilen sowie einige Zangen, wie z. B. Seegering- und Drahtbiegezange, Seitenschneider aus Bild 3.1 runden den Werkzeugbedarf ab.

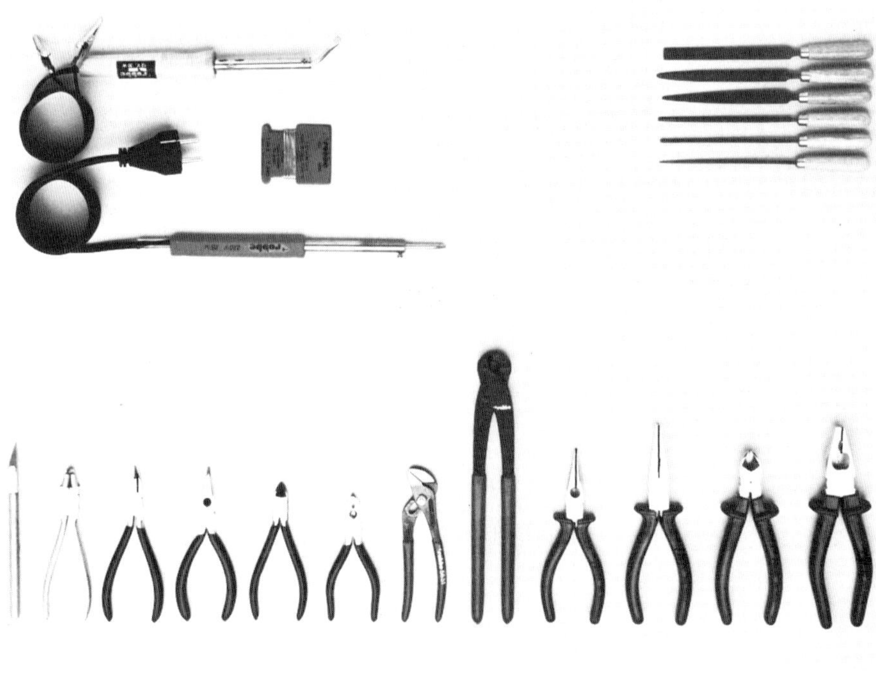

Bild 3.1 Kleinwerkzeug für den Modellbau (robbe)

4. Rumpf und Deck

4.1 Rumpfoberfläche

Abgesehen von historischen Schiffsmodellen besitzen die meisten Rümpfe glatte, glänzende Oberflächen. Sie sehen zwar schön aus, entsprechen aber wenig den großen Vorbildern. Im Gegensatz hierzu steht der einmal gemachte Vorschlag, die Rumpfoberfläche so zu lackieren, daß der Eindruck von teilweise abgeblätterter Farbe mit imitierten Roststellen entsteht.

Bevor die Stahlplatten der Rümpfe im Großschiffbau übergangsgleich zusammengeschweißt wurden, erfolgte die Verbindung der einzelnen Platten durch Nieten. Hierbei ergaben sich überlappende, mit Nietreihen versehene Platten. Für ältere Schiffstypen bietet sich eine diesen Vorbildern angepaßte Imitation an. Hierfür werden dünne, entsprechend zugeschnittene Kupferfolienstücke auf der Rückseite an den Rändern mit kleinen Vertiefungen versehen. Letztere lassen sich einfach mit einer abgerundeten Körnerspitze einschlagen, wobei als Unterlage Hartholz dient. Von der anderen Seite wirken diese markierten Stellen wie Nietenköpfe. Die Folienstücke lassen sich auf Rümpfe beliebigen Materials aufkleben, wie es Bild 4.1.1 zeigt. Die anschließende Lackierung erfolgt in gewohnter Weise mit matter Oberfläche.

Bild 4.1.1 Imitation vernieteter Rumpfplatten

4.2 Kennzeichnungen

Alle Fahrzeuge der zivilen Schiffahrt müssen eindeutig gekennzeichnet werden. Hierzu wird der Schiffsname an beiden Seiten des Vorschiffs sowie Name und Heimathafen am Heck angebracht. Die Anordnung am Heck des Hamburger Schleppers ESCORT bringt Bild 4.2.1.

Bild 4.2.1 Heckbezeichnung eines Schleppers

Bei dem Segelschiff der Bundesmarine „Gorch Fock" aus Bild 4.2.2 ist die Angabe des Heimathafens durch das Hamburger Wappen ersetzt.

Bild 4.2.2 Heckpartie des Segelschulschiffes

Bei größeren Schiffen ist es üblich, zusätzlich Namensschilder an beiden Seiten des Brückendecks anzubringen. Zur schnelleren Identifizierung erhalten in Krisengebieten die Schiffe auf beiden Rumpfseiten ihren Namen in großen Buchstaben und vielfach auch eine aufgemalte Nationalflagge. Zum leichteren Erkennen aus der Luft werden Namen und Nationalität häufig auch auf Deck angebracht. Fischereifahrzeuge tragen neben dem Namen eine Registriernummer.

Weitere Kennzeichnungen sind die im Bereich des Hauptspantes an beiden Rumpfseiten angebrachten Plimsoll- bzw. Freibordmarken. Sie sind ein wichtiges Maß für alle Fracht- und Passagierschiffe. Die Kurzzeichen am Freibordkreis entsprechen der Klassifikationsstelle, unter dessen Aufsicht das Schiff gebaut wurde und die das Freibordzeugnis ausstellte. Die weiteren Buchstaben bedeuten im einzelnen:

FT – Tropenflüsse, F – Frischwassergebiet, T – Tropenmeer, S – Sommer Atlantik, W – Winter Atlantik, WNA – Winter Nordmeer.

Schiffe mit Holzdeckladung haben links von der Freibordmarke besondere Holzlademarken mit einem H vor dem Kurzzeichen. Außer HWNA liegen sie etwas höher als die normalen Lademarken.

Um in den Häfen und bei Kanaldurchfahrten Grundberührungen zu vermeiden, ist es wichtig, den genauen Tiefgang des Schiffes zu erkennen. Die Ahminge sind möglichst nahe an Bug und Heck angebrachte Markierungen zur Bestimmung von Tiefgang und Trimm. Sie werden im internationalen Seeverkehr meistens an Steuerbord durch arabische Zahlen in Dezimeter (dm) oder im Abstand von 0,2 m und an der Backbordseite durch römische Zahlen in Fuß (1 ft = 12" = 3,048 dm) oder an beiden Schiffsseiten in Dezimeter und Fuß unterteilt. Nullpunkt ist die Unterkante Kiel (UKK) oder deren gradlinigen Verlängerungen.

Bild 4.2.3 zeigt unter a die Anordnung an der Steuerbordseite. Es gelten: b für Frachtschiffe, c für Schiffe mit Holzdecklasten und d für Segelschiffe. An der Backbordseite erfolgt die Markierung spiegelbildlich.

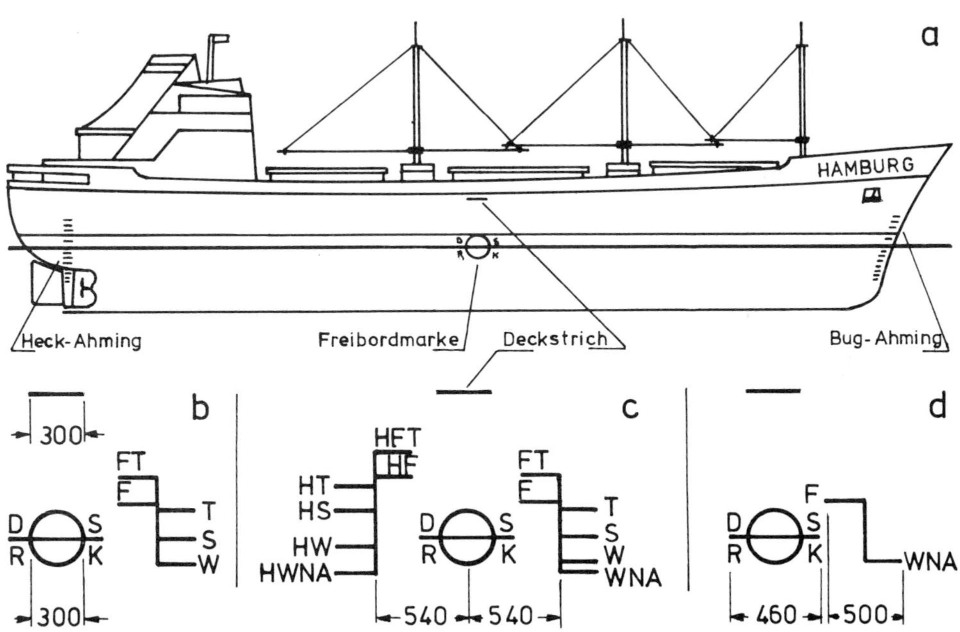

Bild 4.2.3 Freibord- und Tiefgangmarken

4.3 Schraube und Ruder

Die meisten Zugeständnisse in bezug auf Vorbildähnlichkeit müssen bei den Schrauben gemacht werden. Nicht immer lassen sich Anzahl, Durchmesser und Flügelzahl der Schrauben dem großen Vorbild anpassen. Sofern das Modell auf keinem Wettbewerb einer Standbewertung vorgeführt werden soll, wird vielfach statt eines Mehrschraubenantriebs nur eine, dafür größere Schraube vorgesehen. Bei kleineren Modellen bzw. bei drei oder vier Schrauben ist der maßstabsgerechte Durchmesser oftmals zu klein, um eine ausreichende Antriebsleistung zu erreichen.

Während im Großschiffbau zwei- bis siebenflügelige Schrauben üblich sind, kommen für den Modellbau überwiegend Schrauben mit zwei, drei oder vier Flügeln in Betracht. Das Material ist in den meisten Fällen Kunststoff und bei höheren Anforderungen Metall.

Im Handel werden nicht nur Schrauben mit unterschiedlichem Durchmesser, sondern auch mit verschiedenen Steigungen angeboten. Bei einer Reihe von Schrauben gibt es rechts- und linksdrehende Ausführungen. In Fahrtrichtung gesehen kann sowohl eine rechts- wie linksdrehende Schraube das Schiff vorwärts bewegen. Eine rechtsdrehende Schraube entspricht der Originaldrehrichtung bei den weitaus meisten Schiffen. Eine linksdrehende hat den Vorteil, daß sie sich im Fahrbetrieb mit ihrem Gewinde immer fester mit der Schraubenwelle verbindet. Beim Zweischraubenantrieb werden je eine links- und rechtsdrehende Schraube verwendet, die beide nach außen schlagen. Um die günstigste Steigung einer Schraube für einen optimalen Antrieb zu finden, wird ein Set, bestehend aus 3 dreiflügeligen mit 50 mm Durchmesser in verschiedenen Steigungen und einer vierflügeligen 40-mm-Schraube mit Kortdüse, angeboten. Diesen Set einschließlich einer Propellerkupplung zum leichten Auswechseln der Schrauben bringt Bild 4.3.1.

Bild 4.3.1 Propellerset aus Kunststoff (Marx-Lüder)

Beim vorbildähnlichen Schiffsmodellbau mit E-Antrieb stellt die Wahl der Schraube im allgemeinen kein größeres Problem dar. Dagegen sind bei einem Dampfmaschinenantrieb die Schrauben größenmäßig der Umdrehungszahl anzupassen.

Besonders hohe Anforderungen zur Erreichung maximaler Leistung und Geschwindigkeit werden bei Rennbooten gestellt. Hier müssen Durchmesser, Steigung und Flügelzahl optimal auf die Drehzahl des Motors abgestimmt sein. Die zweiflügeligen Rennpropeller bestehen meistens aus hochfestem Aluminiumguß mit Messing-Gewindebuchse. Ihre Durchmesser liegen zwischen etwa 40 und 75 mm bei Steigungen von 35 bis 90 mm. Eine Auswahl dieser vorwiegend aus England importierten Schrauben zeigt Bild 4.3.2.

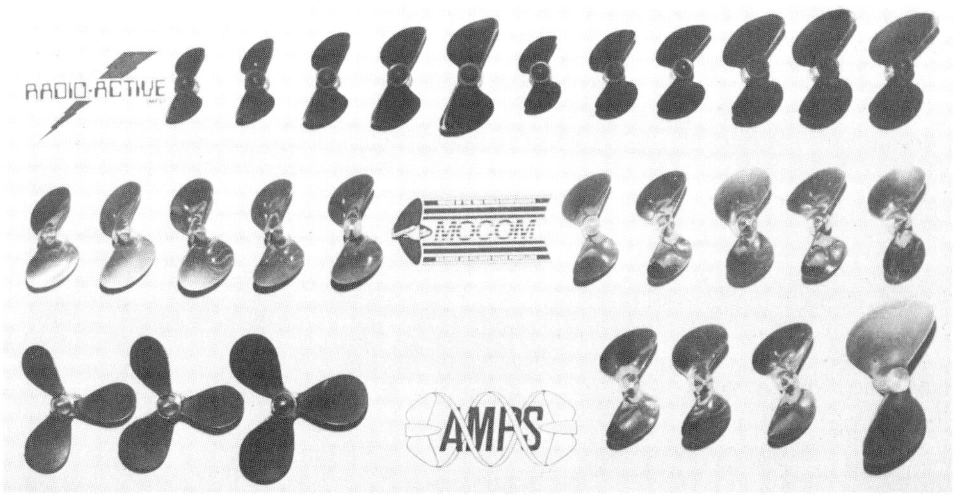

Bild 4.3.2 Hochleistungsschrauben (Gundert)

Zur besseren Manövrierfähigkeit arbeiten Schrauben vielfach in Kortdüsen. Bei den drei- und vierflügeligen Ms-Schrauben aus Bild 4.3.3 sind die Flügelspitzen dem Innendurchmesser der Kortdüsen angepaßt.

Bild 4.3.3 Ms-Schrauben mit Kortdüsen (WEMO)

Immer mehr Schiffsmodellbauer verwenden einen Verstellpropeller mit dem über ein Servo die Geschwindigkeit in beiden Fahrtrichtungen über stop stufenlos geregelt werden kann und einen elektronischen Fahrtregler überflüssig macht. Einen Verstellpropeller mit angeflanschtem E-Motor zeigt Bild 4.3.4.

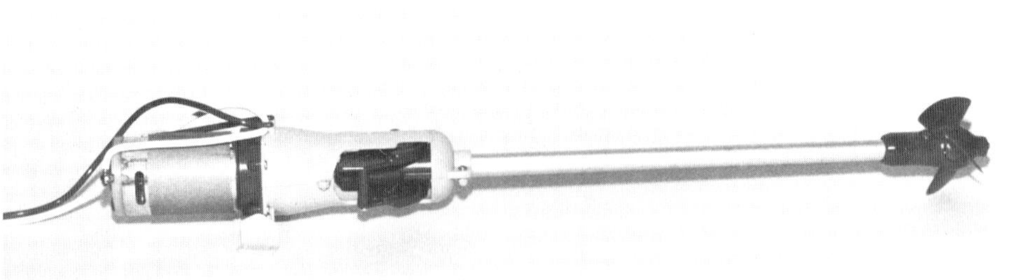

Bild 4.3.4 Verstellpropeller mit E-Motor (Marx-Lüder)

Die Schraubenwelle, als Verbindung zwischen Antrieb und Schraube, wird in einem Stevenrohr geführt. Zur Verringerung der Reibungsverluste sind nur zwei kurze Gleitlager an beiden Enden des Stevenrohres vorgesehen. Eine Lagerung, die für den üblichen Fahrbetrieb ausreicht. Bei Rennbooten mit hochtourigen Verbrennungsmotoren werden für die Führung der Schraubenwelle Kugellager verwendet. Zwei dieser für geringste Verluste ausgelegten Ausführungen gehen aus Bild 4.3.5 hervor. Im oberen Teil handelt es sich um eine Leichtbau-Anlage aus Hartalu-Rohr mit Stahlwelle und drei Kugellagern. Die zweite Einheit von Schraubenwelle und Stevenrohr besteht aus nichtrostendem Präzisions-Rundstahl bzw. Stahlrohr. Beide Wellenenden sind doppelt kugelgelagert mit innen liegenden Druck-Kugellagern. Für eine lange Lebensdauer lassen sich die Anlagen nach jedem Betrieb über ein Rohr abschmieren.

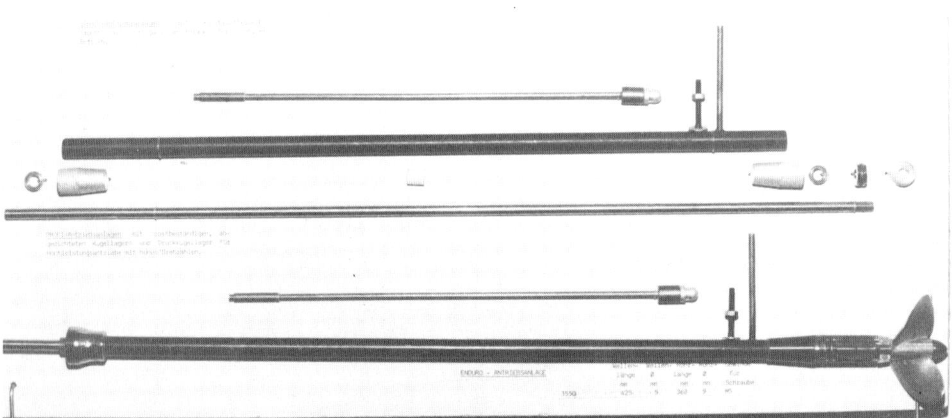

Bild 4.3.5 Stevenrohr mit Welle und Schraube (Gundert)

Seit der Erfindung der Schiffsschraube 1827 durch Joseph Ressel hat sie ihren festen Platz zwischen Achtersteven und Ruder. Hierbei liegt das Ruder direkt im Propellerstrom. Auch bei geringer Vorausgeschwindigkeit ergibt sich eine ausreichende Steuerwirkung. Zur Erreichung kleiner Drehmomente soll die Drehachse des Ruders bei etwa ¼ der Ruderlänge hinter seiner Vorderkante liegen. Einige Bauformen sind in Bild 4.3.6 dargestellt.

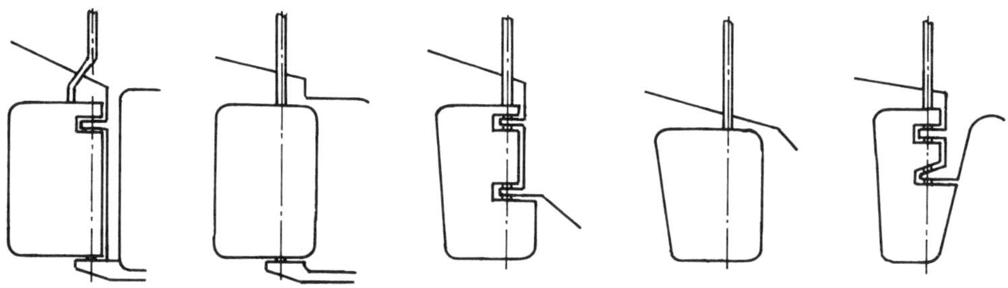

Bild 4.3.6 Bauformen der Ruder

Zu dem Inhalt eines Baukastens gehört neben einer dem Schiffsmodell angepaßten Schraube auch das dazu passende Ruder. Da in Verbindung mit dem empfohlenen Antrieb eine vorbildähnliche Geschwindigkeit erreicht wird, besteht für den Modellbauer kein Anlaß zu irgendwelchen Änderungen. Im Gegensatz hierzu zeigen die meisten Baupläne eine dem Maßstab entsprechend verkleinerte Schraube mit dem dazugehörenden Ruder. Besonders bei starken Verkleinerungen im Maßstab 1:100 und 1:200 ist der Durchmesser der Schrauben oftmals zu klein, um mit ihr eine ausreichende Antriebsleistung zu erzielen. Da die Schraubennabe aus konstruktiven Gründen einen bestimmten Mindestdurchmesser aufweisen muß, sind die für den Vortrieb wirksamen Flügelflächen zu klein. Abhilfe bringt hier nur eine größere, aber damit nicht mehr maßstabsgerechten Schraube. Mit der Wahl einer größeren Schraube ändert sich auch der Propellerfreiraum, dem das Ruder anzupassen ist. Die bei einem Einschraubenschiff üblichen Verhältniswerte bringt Bild 4.3.7.

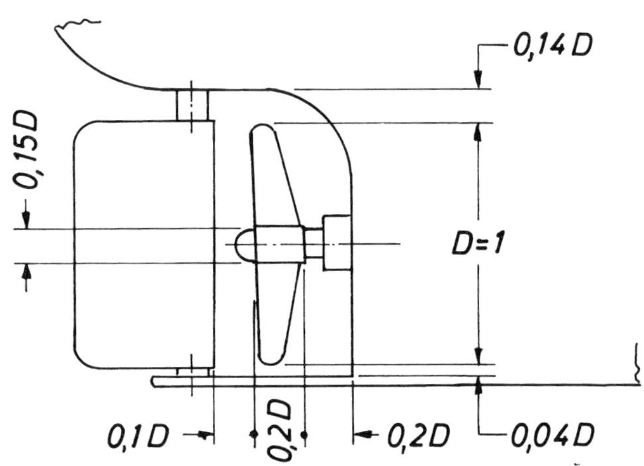

Bild 4.3.7 Propellerfreiraum

Zweischraubenschiffe haben entweder ein Ruder mittschiffs oder je ein Ruder hinter den Propellern. Da bei einem Mittelruder und kleinem Anstellwinkel das Ruder nicht im Propellerstrahl liegt, ist die Steuerwirkung gering. Günstiger sind in jedem Fall bei zwei Schrauben die gleiche Anzahl Ruder.

Bei einem 3-Schraubenantrieb werden Doppel- bzw. Dreifachruder verwendet. Die parallel verlaufenden Ruderblätter des Doppelruders sind genau zwischen den Schrauben anzuordnen. Bei drei Rudern entspricht das mittlere Ruderblatt dem Einschraubenantrieb. Nach neueren Erkenntnissen sollte zwecks besseren Strömungsverhältnissen die äußeren Ruder nicht parallel stehen, sondern an ihren hinteren Enden jeweils um 2–3° nach innen versetzt sein. Die Anordnungen zeigt Bild 4.3.8.

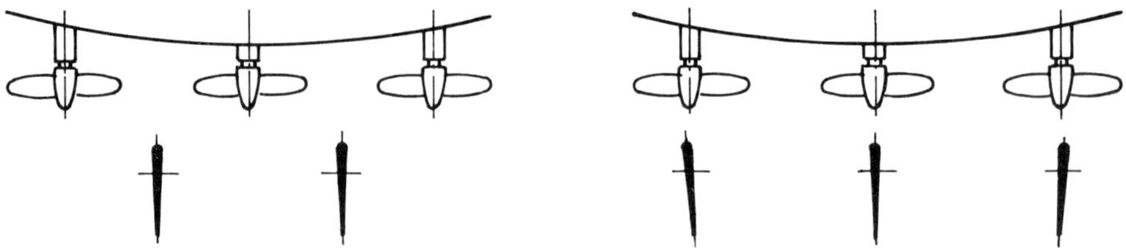

Bild 4.3.8 Propelleranordnung bei Mehrschraubenantrieb

Zwei unterschiedliche, als Fertigteile im Handel erhältliche Ruder bringt Bild 4.3.9. Wie bei allem anderen Zubehör ist auch hier besonders auf die passende Form und Größe zu achten.

Bild 4.3.9 Ruder als Fertigteile

Wie vielfältig die angebotenen Ruderausführungen sind, vermittelt Bild 4.3.10. Es sind nicht nur unterschiedliche Abmessungen und Ausführungen, sondern auch einige Besonderheiten. So ist das Ruder rechts oben mit einem über Wasser einzubauenden Nippel mit Silikonschlauch versehen. Hier soll durch Druckentlastung eine absolute Wasserdichtigkeit erreicht werden. Drei weitere Ruder sind mit Rohr und Schmiernippel ausgerüstet, die ebenfalls der Wasserabdichtung dienen.

Bild 4.3.10 Ruder mit Druckentlastung und Schmiernippel (Gundert)

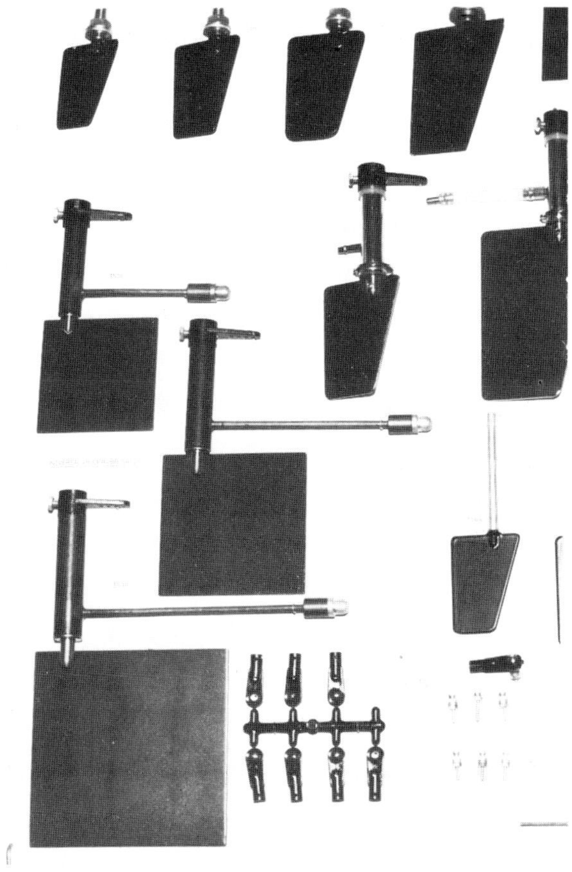

Größere Schiffe besitzen zur Ruderbetätigung spezielle Rudermaschinen. Dagegen wurden in der weiteren Vergangenheit bei kleineren Fahrzeugen, z. B. Schleppern, das Ruder über Ketten bewegt. Eine solche Kettenführung zwischen Schanzkleid und Deck bringt Bild 4.3.11.

Bild 4.3.11 Ruderbetätigung durch Kette

4.4 Bullaugen

Das Bullauge ist ein rundes, wasserdicht schließendes Schiffsseitenfenster aus besonders starkem Glas. Die unter dem Hauptdeck und in unbewachten Räumen gelegenen Bullaugen müssen auf See geschlossen gehalten und gegebenenfalls durch Blenden zusätzlich von innen gesichert werden. Für die Bullaugen auf dem Hauptdeck und darüber gilt dieses dagegen nur bei schlechtem Wetter oder Nebel. Drei der am häufigsten anzutreffenden Bullaugenformen bringt Bild 4.4.1. Im einzelnen handelt es sich bei a) um ein modernes, eingeschweißtes Bullauge mit Wasserrinne. Eine ältere, aufgenietete Ausführung ist unter b) dargestellt. Mit Schutzstäben versehene Bullaugen nach c) findet man überwiegend auf Arbeitsschiffen, wie z. B. Schlepper, Bagger o.ä. Auch die beiden letztgenannten Bullaugen sind teilweise mit Wasserrinnen versehen.

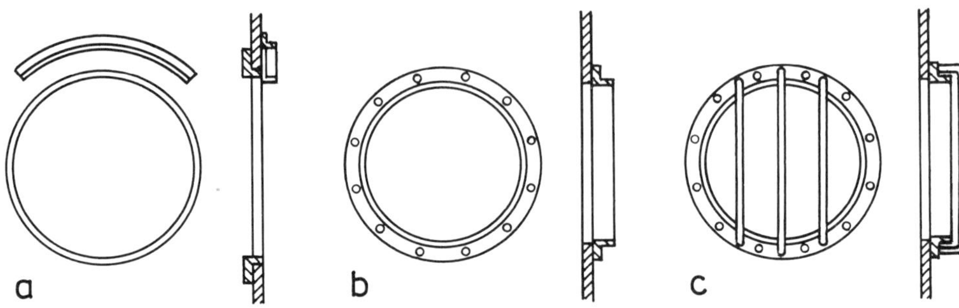

Bild 4.4.1 Konstruktionen von Bullaugen

Häufig nimmt die Größe der Bullaugen mit dem Abstand von der Wasserlinie zu. So beträgt der Durchmesser im Zwischendeck, der Back und Poop um die 22 cm und beim Karten- und Deckshaus bis etwa 35 cm. Noch größer sind die Bullaugen eines Schleppers aus Bild 4.4.2. Geht man bei einem Größenvergleich von einer Schanzkleidhöhe um einen Meter aus, dürften die Bullaugen einen Durchmesser von ca. 45 cm aufweisen.

Bild 4.4.2 Bullaugen am Schlepper

Während bei Fracht- und Passagierschiffen über dem Hauptdeck statt der Bullaugen vielfach Fenster vorhanden sind, findet man bei größeren Marine-Fahrzeugen auch über Deck noch sehr viele Bullaugen, wie es Bild 4.4.3 zeigt.

Bild 4.4.3 Bullaugen statt Fenster auf Marine-Fahrzeugen

Bevor man sich für handelsübliche Bullaugen aus Bild 4.4.4 entscheidet, sollte die richtige Größe sorgfältig bestimmt werden.

Bild 4.4.4 Handelsübliche Bullaugen

Sofern eine Drehmaschine zur Verfügung steht, lassen sich auf ihr leicht einfache Bullaugen anfertigen. Die Arbeitsgänge zeigt Bild 4.4.5. Von einem dem Modellmaßstab entsprechenden Ms-Rohr werden 6–8 mm lange Stückchen mit einem rechten Drehmeißel abgetrennt (a). Die Röhrchen werden auf eine mit Trennwachs versehene Unterlage gestellt und mit Gießharz gefüllt (b) und nach dem Aushärten plangeschliffen (c). Da die Bordwand in den meisten Fällen zu dünn sein dürfte, wird sie vor dem Eindrücken und Verkleben der Bullaugen verstärkt (d). Evtl. Wasserrinnen lassen sich aus Ausschnitten einer Spirale aus Cu-Draht gewinnen und aufkleben (e).

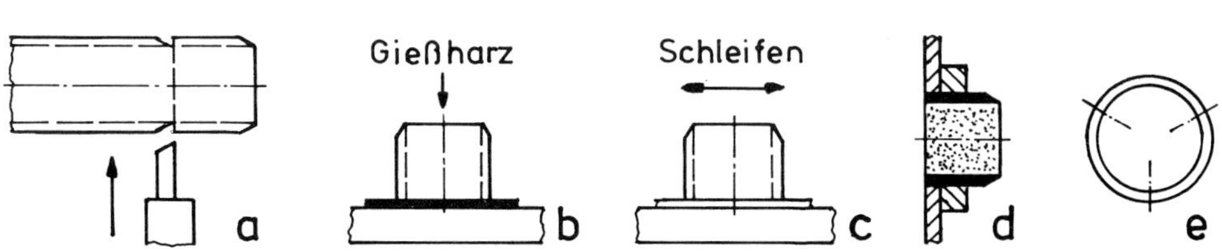

Bild 4.4.5 Arbeitsgänge bei der Anfertigung von Bullaugen

4.5 Fender

Zum Schutz der Bordwand sind Schlepper, Lotsenboote und sonstige Hafenfahrzeuge neben einer umlaufenden Scheuerleiste mit Fendern versehen. In der Vergangenheit waren es prall mit Kork, Faserstoffen u.ä. gefüllte Rollen und Kissen. Während Bug- und Heckfender heute oft aus Gummi bestehen, werden als Seitenfender vielfach ausgediente Autoreifen benutzt. Den Bug eines so ausgerüsteten Hafenschleppers zeigt Bild 4.5.1. Gut zu erkennen ist die unter 4.2 erwähnte Tiefgangmarkierung in Zoll.

Bild 4.5.1 Fender am Bug eines Hafenschleppers

Das Bug- und Heckfender-Set aus Weich-PVC des Schottelschlepper KARL aus Bild 4.5.2 ist auch für andere Schlepper in Größen um 800 mm geeignet.

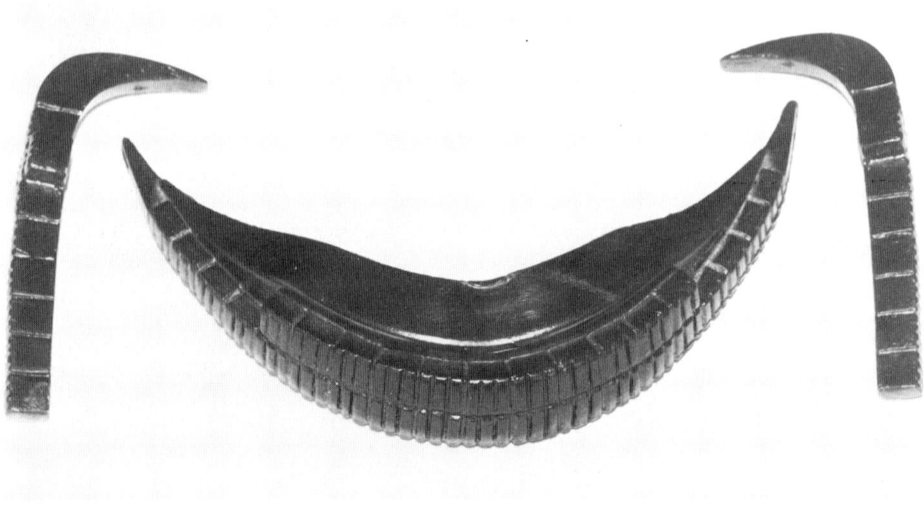

Bild 4.5.2 Bug- und Heckfender aus Weich-PVC (Wedico)

Wesentlich vielseitiger verwendbar sind die aus naturfarbenem Sisalhanf handgearbeitete Fender. Bild 4.5.3 zeigt zwei Bug- bzw. Heckfender aus einer Reihe mit fünf Größen zwischen ∅ 20 mm × 100 mm und ∅ 40 mm × 300 mm.

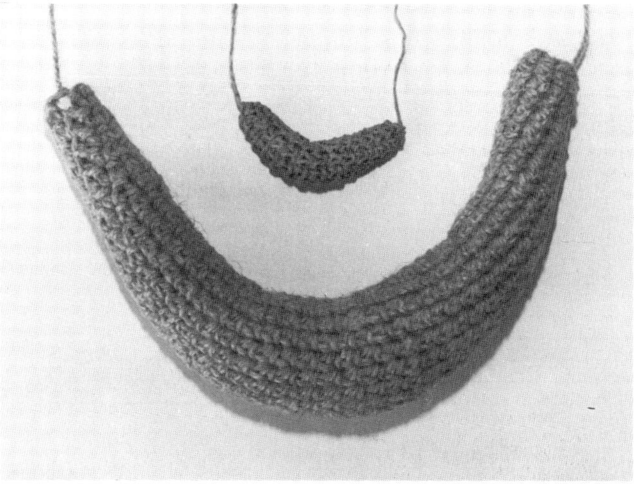

Bild 4.5.3 Bug- und Heckfender aus Sisalhanf (WEMO)

Ebenfalls handgearbeitet aus Sisalhanf sind die Seiten- und Kugelfender aus Bild 4.5.4. Die Abmessungen in drei Stufen betragen hier ∅ 15 mm × 35 mm, ∅ 15 mm × 35 mm und ∅ 28 mm × 60 mm bzw. liegen bei ∅ 15, ∅ 22 und ∅ 27 mm.

Bild 4.5.4 Seiten- und Kugelfender aus Sisalhanf (WEMO)

4.6 Holz- und Stahldeck

Auch bei modernen Schiffen sind mehr oder weniger große Flächen der Decks mit Holz belegt. Die verwendeten Planken sind bis zu ca. 5 m lang und etwa 10 bis 15 cm breit. Hieraus errechnen sich in Abhängigkeit des Verkleinerungsmaßstabes die entsprechenden Abmessungen für das Modell. Die an die äußere Decksumrandung stoßenden Planken laufen nicht spitz aus, sondern werden nach Bild 4.6.1 in die umlaufende Leiste eingearbeitet.

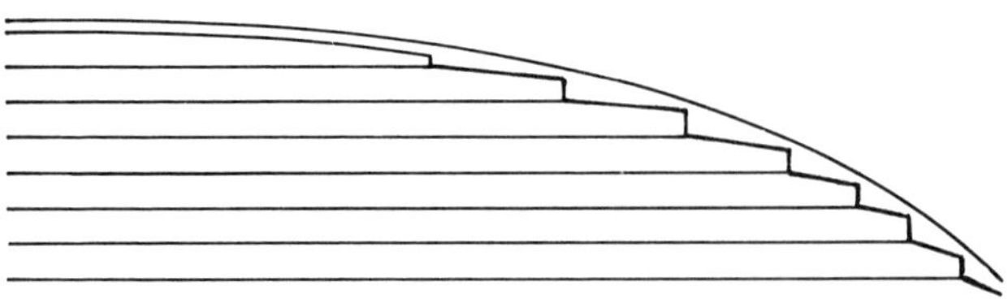

Bild 4.6.1 Ausarbeitung der Plankenenden an Deck

Wie dieses beim großen Vorbild aussieht, zeigt Bild 4.6.2 am Beispiel eines Fahrgastschiffes. Da die auf dem Stahldeck aufgebrachten Holzplanken nicht bis an das Schanzkleid reichen, entsteht hier ein gewollter Wasserabfluß.

Bild 4.6.2 Holzdeck bei einem Fahrgastschiff

In der einfachsten Art werden die in Betracht kommenden Flächen mit Furnier oder dünnem Sperrholz beplankt und die Nähte zwischen den einzelnen Planken mit einem harten Bleistift markiert. Ein wesentlicher Nachteil ist jedoch, daß sich auch bei feinporigem Holz der Verlauf der Maserung über das ganze Deck erstreckt. Für eine vorbildähnliche Beplankung werden aus Furnier, z. B. Ahorn, Esche, Birn- oder Kirschbaum, dem Maßstab entsprechende Streifen geschnitten. Um gleiche Breiten zu erhalten, erfolgt das Schneiden mit einem scharfen Messer entlang einer verstellbaren Stahlschiene.

Als Unterlage für die Planken sollte dünnes, kreuzweise verleimtes Sperrholz genommen werden, das ein feuchtigkeitsbedingtes Arbeiten weitgehend ausschließt. Zum Aufkleben dient weißer Holzleim mit etwas schwarzem Farbpulver, das nach dem Austrocknen die Decksnähte andeutet. Beplankt wird von der Mittschiffslinie aus, abwechselnd an beiden Seiten in Längsrichtung. Nach jedem Arbeitsgang sind die Planken fest zur Mittellinie zu drücken, wobei die schwarzen Decksnähte gleichmäßige, schmale Linien ergeben sollen. Nach dem restlosen Austrocknen des Leimes wird die Oberseite mit einer Ziehklinge bzw. Schmirgelleinen geglättet und farblos lackiert.

Die Beplankung des Vordecks bei einem Modell bringt Bild 4.6.3. Die Ausrüstung mit Pollern dürfte jedoch etwas zu umfangreich ausgefallen sein.

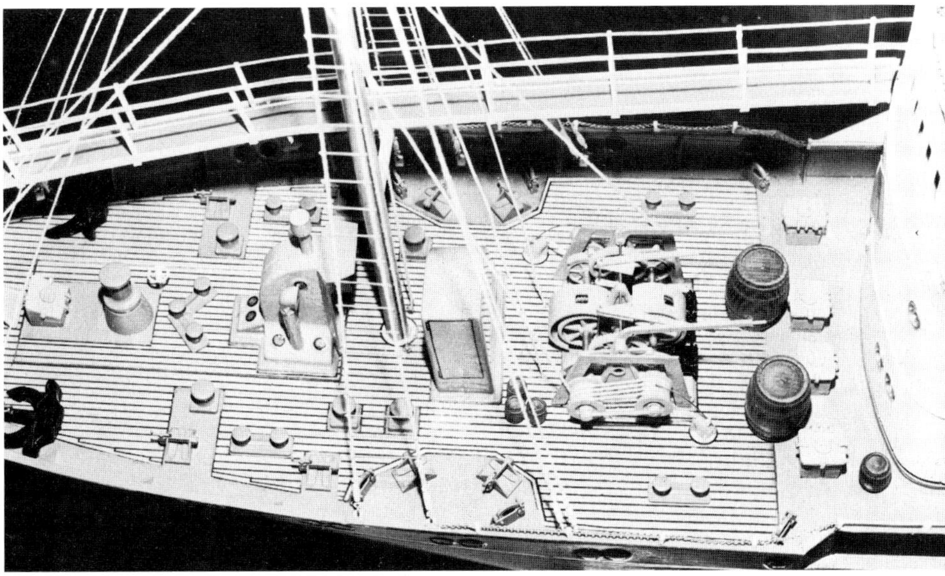

Bild 4.6.3 Holzbeplanktes Vorschiff eines Modells

Abschließend noch Bild 4.6.4, das neben einem glatten Deck vorne links einen holzbeplankten Abschnitt zeigt.

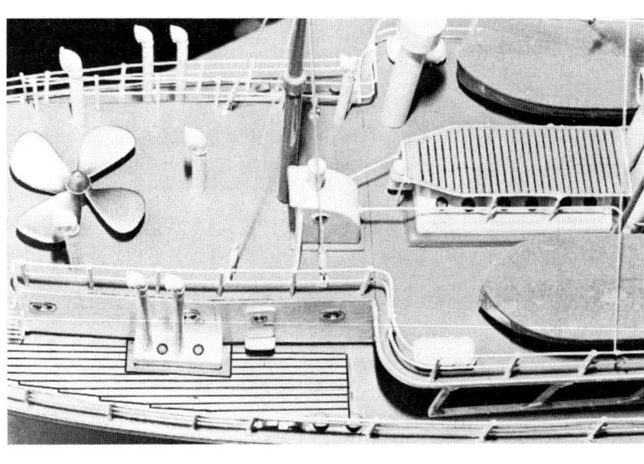

Bild 4.6.4 Modell mit „Stahl" – und Holzdeck

4.7 Luken und Oberlichter

Luken sind Öffnungen in den Decks, die dem Zugang ins Rumpfinnere dienen. Nach ihrer Konstruktion wird zwischen Luken mit erhöhtem Lukensüll und Glattdeckluken unterschieden. Die Unterscheidung der Luken erfolgt entsprechend der Lage im Schiff und der Art ihrer Verwendung. So gibt es neben Lade- und Proviantluken, Tank- und Vermessungsluken sowie weitere. Eine Einstiegsluke zeigt Bild 4.7.1.

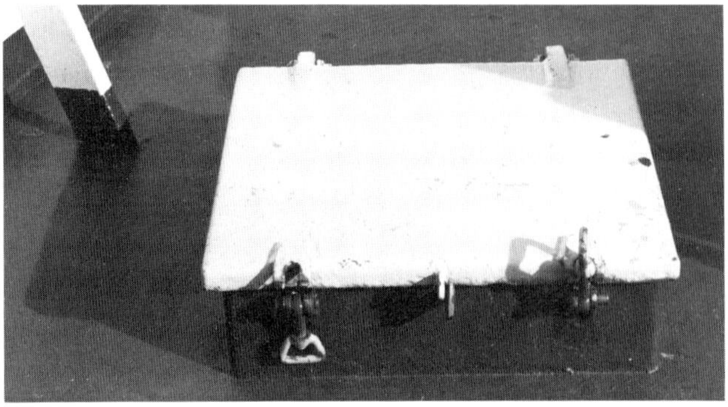

Bild 4.7.1 Einstiegsluke

Fast die ganze Schiffsbreite nehmen die Lukenabdeckungen auf Frachtschiffen ein. Eine aus einer Anzahl Bohlen bestehende Abdeckung, die auf See mit einer Segeltuchplane abgedeckt wird, geht aus Bild 4.7.2 hervor. Nach dem Übergang von den hölzernen Einlege-Lukendeckeln zu wasserdichten Lukenabdeckungen aus Stahl ergeben sich wesentliche Verbesserungen für die Sicherheit von Schiff und Ladung.

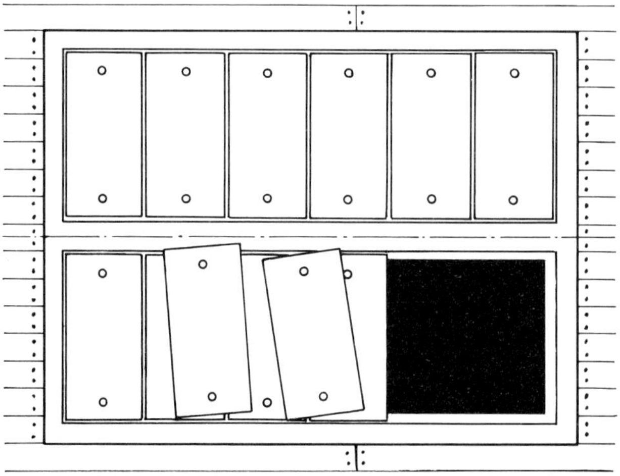

Bild 4.7.2 Lukendeckel auf einem Frachtschiff

Die einfachste und kleinste Ausführung von Oberlichtern in Form mit Blenden verschließbarer Bullaugen bei einem Schlepper bringt Bild 4.7.3.

Bild 4.7.3 Abdeckbare Bullaugen als Oberlichter

Oberlichter beschränken sich nicht nur auf das Hauptdeck, sondern werden auch bei höher gelegenen Decks zur natürlichen Beleuchtung darunterliegender Arbeits- und Aufenthaltsräume angebracht. In Bild 4.7.4 ist der Maschinenraum eines Schlepper-Modells mit einem Oberlicht versehen. Um die Bruchgefahr zu verringern, ist die Glasfläche in über 100 kleinere Scheiben aufgeteilt.

Bild 4.7.4 Oberlichter auf einem Schlepper

4.8 Wellenbrecher

Nicht immer läßt sich in der Großschiffahrt durch einen bis zur Höhe der Schwimmwasserlinie hinaufreichenden Wulstbug die Höhe der Bugwelle niedrig halten. Um bei schnellen Schiffen überkommendes Wasser frühzeitig abzuleiten, wird das Vordeck mit einem Wellenbrecher versehen. Dieser querschiff V-förmig angeordnete Wasserabweiser besteht aus einem senkrecht oder leicht zum Bug geneigten Blech. Die verhältnismäßig einfache Form geht aus Bild 4.8.1 hervor.

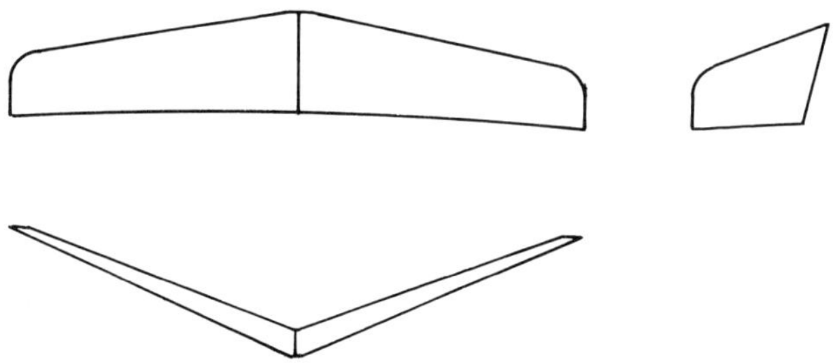

Bild 4.8.1 Bauform eines Wellenbrechers

Den Wellenbrecher auf dem Vorschiff eines Hochseeschleppers zeigt Bild 4.8.2. Zum Schutz der Besatzung ist hinter dem Wellenbrecher noch eine Reling vorgesehen. Auf dem Vordeck befinden sich zwischen dem mit Streben verstärkten Schanzkleid und dem Wellenbrecher insgesamt drei Doppelkreuzpoller.

Bild 4.8.2 Vorschiff mit Wellenbrecher eines Hochseeschleppers

Noch besser ist die Konstruktion aus Bild 4.8.3 zu erkennen, das diesen Wellenbrecher halbseitig mit seinen Verstärkungswinkeln zeigt.

Bild 4.8.3 Teilansicht eines Wellenbrechers

Zur Erreichung einer weitgehenden Vorbildähnlichkeit empfiehlt es sich, die Wellenbrecher selber anzufertigen. Wenngleich als Zubehör Wellenbrecher im Handel sind, entsprechen sie nur bedingt den geforderten Abmessungen und Formen. Von ihnen ist in Bild 4.8.4 eine V-förmige Ausführung mit jeweils vier Verstärkungsleisten dargestellt.

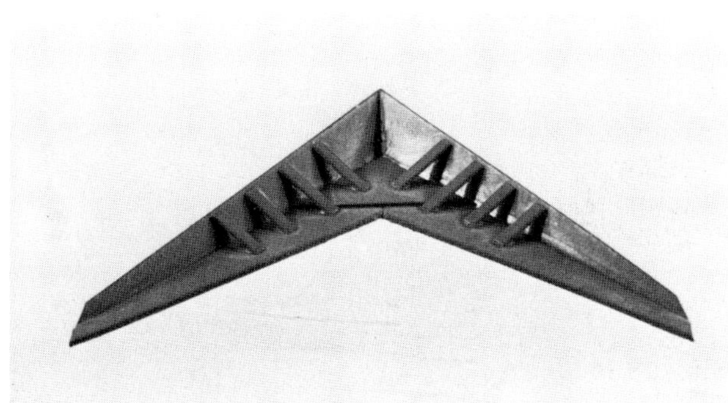

Bild 4.8.4 Wellenbrecher als Fertigteil

Die halbrunde Form eines Wellenbrechers bringt Bild 4.8.5, bei dem die beiden in der Mitte befindlichen halbrunden Ausschnitte ein ganz bestimmtes Modell voraussetzen.

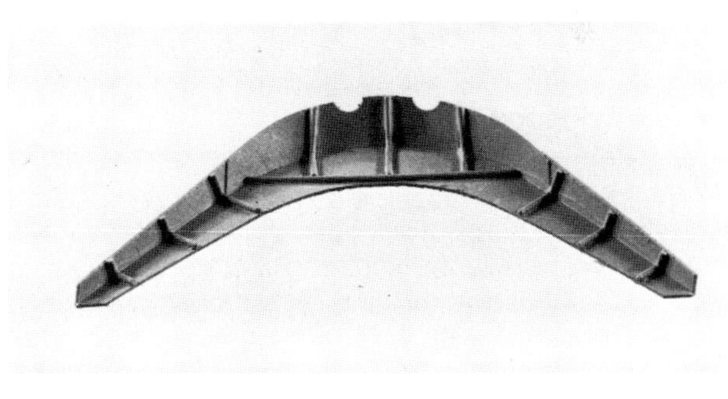

Bild 4.8.5 Wellenbrecher in Halbrundform

4.9 Schanzkleid und Reling

Zum Schutze der Besatzung und Passagiere gegen Überbordfallen müssen alle freien Decks eines Schiffes mit einem Schanzkleid oder einer Reling versehen sein. Daneben soll hierdurch das Fortspülen von an Deck befindlichen Gegenständen bei schwerem Wetter und Schlingerbewegungen verhindert werden. Zu den freien Decks zählen auch die Decks der Deckhäuser, sofern diese begehbar sind bzw. begangen werden müssen. Während sich die Schanzkleider vorwiegend vorne, hinten und beim Ruderhaus befinden, sind die Relings meistens an den Schiffsseiten und auf höher gelegenen Decks angebracht.

Das Schanzkleid ist eine geschlossene Schutzwand von mindestens 1,1 m Höhe. Je nachdem, ob mit oder ohne Deckslast gefahren wird, ist das Schanzkleid im Abstand von 1,2 bis 1,7 m durch Schanzkleidstützen abgesteift.

Bild 4.9.1 zeigt den Blick auf das vordere Hauptdeck mit Schanzkleid eines Fahrgastschiffes. Auf dem für Passagiere nicht freigegebenen Vordeck, sind die Ankerwinde und eine Anzahl Mehrfachpoller sowie Lukendeckel und Rettungsring angeordnet. Die im Schanzkleid über Deck befindlichen Öffnungen dienen dem Ablauf überkommenden Wassers.

Bild 4.9.1 Vordeck mit Schanzkleid

Die Ansicht des Schanzkleides auf dem Oberdeck bringt Bild 4.9.2. Gut erkennbar sind die Abstützungen mit ihren unteren Wasserdurchlauföffnungen. Als zusätzlicher Wind- und Wasserschutz befindet sich oberhalb der waagerechten, hölzernen Abschlußleiste eine senkrechte Stahlblechumrandung. Zu beachten ist, daß sich im Bereich des gebogenen Schanzkleides mehr Verstrebungen als bei den geraden Flächen befinden.

Bild 4.9.2 Schanzkleid auf dem Oberdeck

Die Schanzkleider an gerade verlaufenden Bordwänden sind überwiegend senkrecht angeordnet. In den Rundungen ist dagegen der obere Abschluß der Schanzkleider vielfach nach innen oder außen geneigt. Auch hier gehen die meist keilförmigen Profilstützen nicht bis auf das Deck, bzw. sind mit Öffnungen für einen möglichen Wasserfluß versehen. Wenngleich meistens alle Stützen die gleiche Form aufweisen, sind an besonders beansspruchten Stellen auch schwerere Schanzkleidstützen vorhanden.

Ein nach innen geneigtes Schanzkleid vermittelt Bild 4.9.3. Zum Schutze gegen evtl. Verletzungen der Begeher sind die Profilstützen an der nach innen gerichteten Schmalseite mit einem Wulst versehen. Die an der einen Stütze befindliche Belegklampe dient zum Festmachen der Signalleine.

Bild 4.9.3 Schanzkleid in geneigter Lage

Vielfach nimmt von den Aufbauten nur die Vorderseite die ganze Schiffsbreite ein. In Längsrichtung des Schiffes ist dann neben den Aufbauten an beiden Seiten ein gut begehbarer Streifen frei. Der Übergang von vorne auf das Schanzkleid geht aus Bild 4.9.4 hervor. Die beiden Scharniere gehören zu einer im Schanzkleid befindlichen Tür, durch die über ein Fallreep oder einen Landgangsteg das Schiff betreten oder verlassen werden kann.

Bild 4.9.4 Übergang Aufbau in Schanzkleid

Bei einem durchgehenden Schanzkleid ist dagegen eine Schanzkleidtreppe erforderlich, die den Höhenunterschied zwischen Deck und Geländer überbrückt. Die der Höhe des Schanzkleides entsprechende Treppe besteht aus Holz oder Leichtmetall und ist zwischen 700 und 800 mm breit. An ihrem oberen Ende befinden sich zwei Haken zum Befestigen der Treppe am Schanzkleid. Ein oder zwei seitlich angebrachte Geländer sind abnehmbar, um die Treppe bei Nichtbenutzung besser verstauen zu können. Bild 4.9.5 bringt eine solche Schanzkleidtreppe.

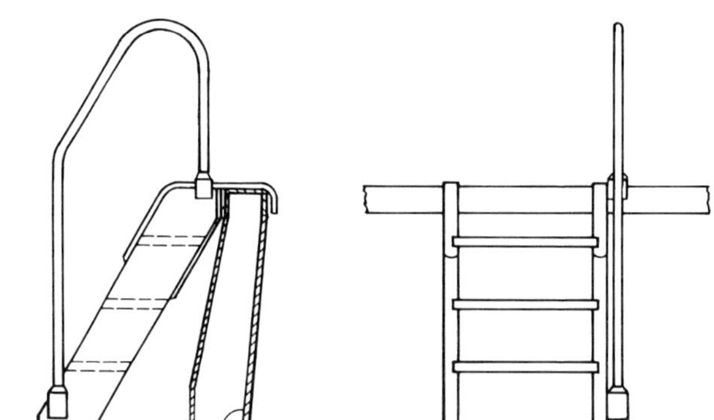

Bild 4.9.5 Schanzkleidtreppe

Eine Schanzkleidtreppe ist im Modellbau kaum zu finden. Für alle diejenigen, die auch an der Nachbildung kleinster Details interessiert sind, bieten sich die Treppen in Verbindung mit einer über Bord hängenden Leiter an. Letztere wird gebraucht beim Anbordkommen und Vonbordgehen von Lotsen, Hafenärzten, Polizei oder Zoll auf Reede oder während der Zufahrt zum Hafen. Ferner sind die Leitern unerläßlich bei Bootsmanövern und der Ausführung von Außenarbeiten.

Bild 4.9.6 zeigt eine sogenannte Lotsenleiter im Maßstab 1:25. Im Original bestehen die im Abstand von 330 mm angebrachten Sprossen aus ca. 75 mm × 115 mm starkem und etwa 520 mm langem Eichenholz. Damit sich die hängende Leiter nicht um ihre vertikale Achse verdrehen kann, werden einige ca. 1500 mm lange Stufen eingefügt. Ihre Anzahl beträgt bei 10 bis 13 Sprossen eine, bei 14 bis 23 zwei und bei 24 bis 33 drei. Für die beiden doppelt gelegten Faserleinen werden die Stufen vierfach durchbohrt. Die Befestigung erfolgt durch Bändsel. Bei größeren Schiffen wird die Leiter aus zwei, durch Rundkausche und Schäkel verbundenen Teilen zusammengesetzt. Die Leiter wird so weit über das Schanzkleid gehängt, daß sich die oberen Kauschen binnenbords unterhalb des Handlaufes befinden. In dieser Lage wird die Leiter an Ringen, Klampen oder den Stützen des Schanzkleides festgesetzt. Aus Sicherheitsgründen muß das Deck hier frei von Unebenheiten sein.

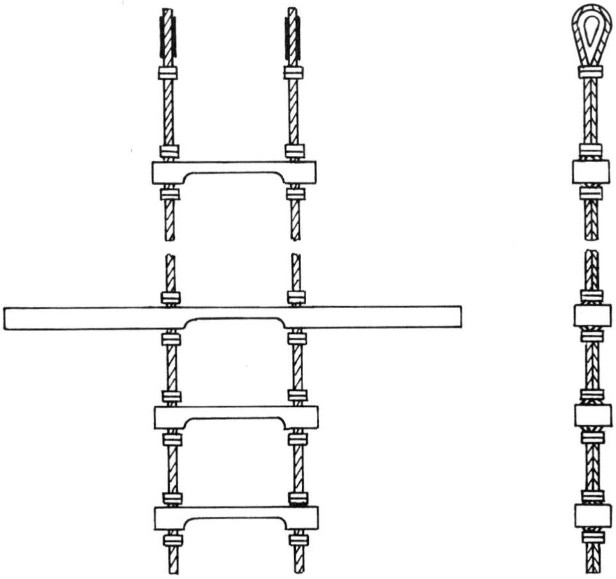

Bild 4.9.6 Lotsenleiter

An den Stellen, wo ein Schutz gegen überkommendes Wasser nicht erforderlich ist, werden Relings vorgesehen. Die Reling besteht im einzelnen aus den Geländerstützen, dem Handlauf und den Durchzügen. Die Stützen der Reling sind entweder flach oder rund. Der Aufbau einer Reling mit den beiden möglichen Stützformen geht aus Bild 4.9.7 hervor.

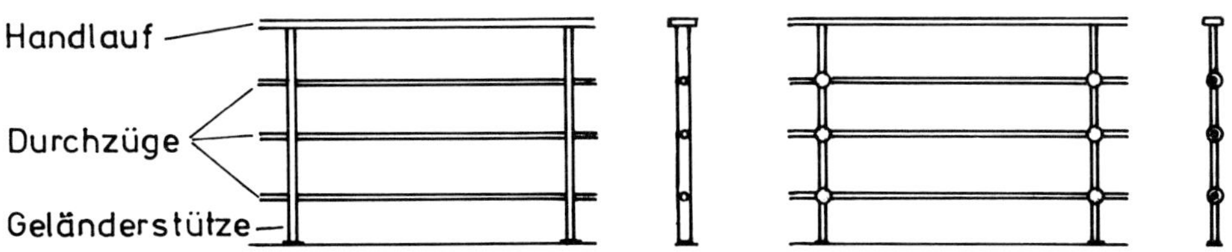

Bild 4.9.7 Aufbau einer Reling

In der Großschiffahrt beträgt die Mindesthöhe der Reling 1 m über Deck. Während die Öffnung unterhalb des niedrigsten Relingdurchzugs nicht mehr als 23 cm betragen darf, ist der Abstand der übrigen Durchzüge auf höchstens 38 cm begrenzt. Diese Abmessungen sollten beim vorbildähnlichen Modellbau im entsprechenden Verkleinerungsmaßstab eingehalten werden. Eine diesen Vorschriften entsprechende Reling ist in Bild 4.9.8 zu sehen.

Bild 4.9.8 Reling eines Fahrgastschiffes

Um ungehindert an oder von Bord zu gelangen, lassen sich die Relings an bestimmten Stellen unterbrechen. Nach Bild 4.9.9 können Teilstücke der Reling nach Lösen von Verschraubungen entfernt oder einfach herausgehoben werden. Eine weitere Möglichkeit besteht in dem Aushaken einzelner Ketten.

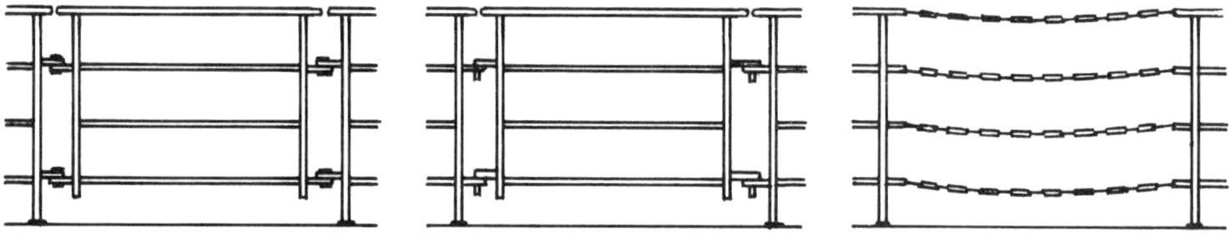

Bild 4.9.9 Unterteilung der Reling

Wenn sich im Relingverlauf an der Bordkante Poller befinden, werden die entstehenden Lücken durch besondere Konstruktionen so geschlossen, daß die Sicherheit an Bord nicht gefährdet wird. Zwei Möglichkeiten zeigt Bild 4.9.10.

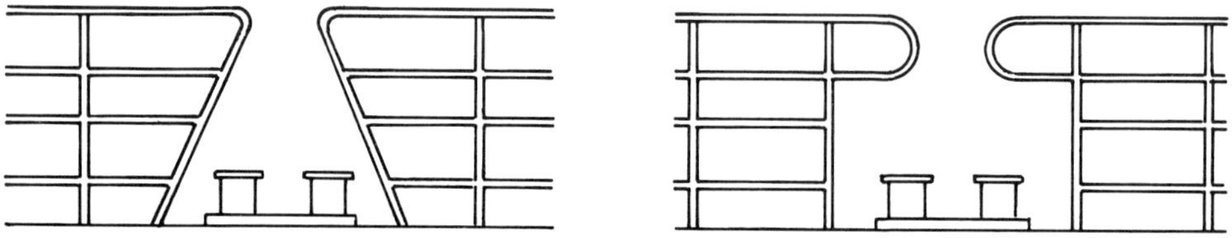

Bild 4.9.10 Reling und Polleranordnung

Die Form einer Reling wird von vielen Faktoren bestimmt. Noch mehr als das Baujahr des Vorbildes spielt der Schiffstyp eine Rolle. Ferner wird unterschieden zwischen durch Passagiere oder Besatzung begehbarer Flächen. Eine besondere Stellung nehmen die Relings auf Segeljachten ein, die vorwiegend dem Schutz einzelner gegen Überbordfallen dienen.

Neben dem Schanzkleid und der Reling gibt es in der Schiffahrt auch Kombinationen von beiden. Eine solche Anordnung zeigt Bild 4.9.11. Die beiden Leuchten dienen der Illumination eines Fahrgastschiffes, die auch einem entsprechenden Schiffsmodell einen besonderen Reiz geben kann.

Bild 4.9.11 Kombination Schanzkleid und Reling

Eine Vorstellung davon, wieviele Relings auf einem Schiff möglich sind, vermittelt Bild 4.9.12 am Modell eines Gastankers. Unten rechts im Bild der erwähnte Übergang vom Schanzkleid zur Reling.

Bild 4.9.12 Anordnung der Relings auf einem Gastanker-Modell

Die vorbildähnlichsten Relingstützen in den Maßstäben 1:25 und 1:50 ergeben sich zweifellos beim Eigenbau. Bei der möglichen Benutzung einer Drehmaschine kommen in erster Linie runde Relingstützen in Betracht. Für gleichmäßigen Abstand der Löcher für die Durchzüge ist eine Bohrlehre erforderlich. Sie besteht in der einfachsten Form in einem Vierkantklotz aus Ms oder St, der in der Länge ein Loch im Durchmesser der Stützen erhält. Ein fester Anschlag und eine Feststellschraube gewährleisten gleiche Stützen.

Wie eine Bohrlehre für runde Relingstützen aussehen kann, zeigt Bild 4.9.13. Die Abmessungen entsprechen in etwa dem Maßstab 1:25. Der Vierkantklotz wird in das Vierbackenfutter einer Drehmaschine gespannt und von beiden Enden bis zur Mitte durchbohrt. Die Löcher für die Durchzüge sollen ca. 0,6 mm betragen. Da Bohrer um so leichter abbrechen, je niedrier ihre Umdrehungszahl ist, ist eine schnellaufende elektrische Bohrmaschine zu verwenden und keinesfalls eine Handbohrmaschine. Während durch die Schraube mit Kontermutter die Längenbegrenzung vorgenommen wird, dient die zweite Schraube zum Festsetzen der Stützen beim Bohren. Um durch eine Hohlkehle eine sichere Auflage für den Handlauf zu erreichen, wird auch das obere Loch in die Stütze gebohrt und später aufgetrennt. Für Relingstüzen im Maßstab 1:50 halbieren sich die Abmessungen der Zeichnung.

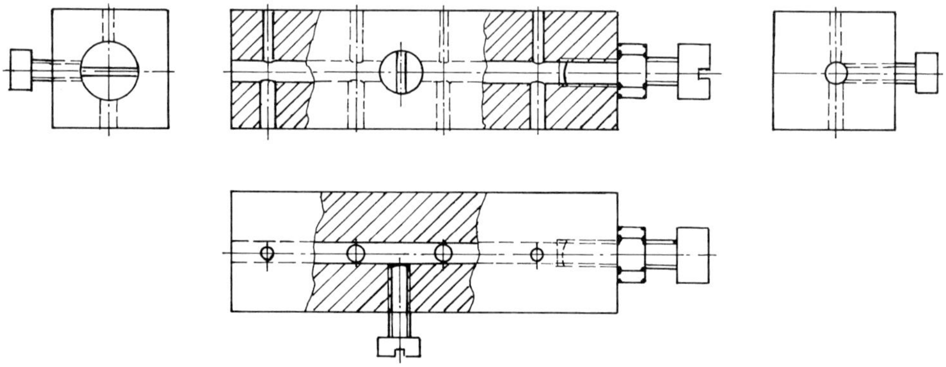

Bild 4.9.13 Bohrlehre für runde Relingstützen

Für flache Relingstützen hat sich die Bohrvorrichtung nach Bild 4.9.14 bewährt. Hierbei wird die Bohrschablone a auf die Relingstütze b gelegt. Um ein Verschieben zu verhindern, befinden sich Schablone und Stütze innerhalb einer aus Rahmen c und Grundplatte d bestehenden Unterlage.

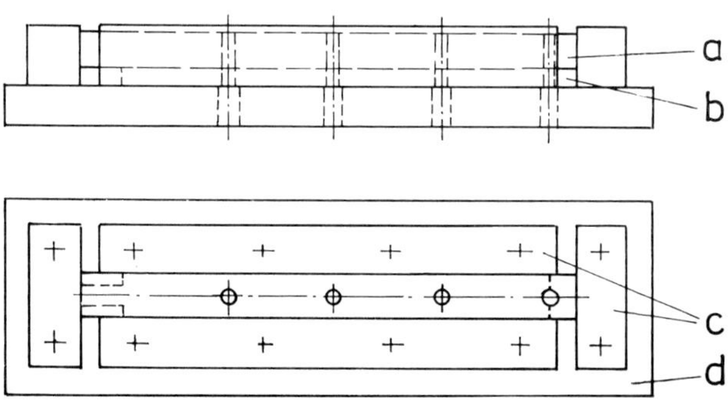

Bild 4.9.14 Bohrvorrichtung für flache Relingstützen

Wenngleich auch das Angbot an fertigen Relingstützen recht groß ist, sollte beim Kauf nicht nur sorgfältig auf die Größe, sondern ebenfalls auf die vorschriftsmäßige Anordnung der Durchzüge geachtet werden. Eine Auswahl handelsüblicher Relingstützen bringt Bild 4.9.15.

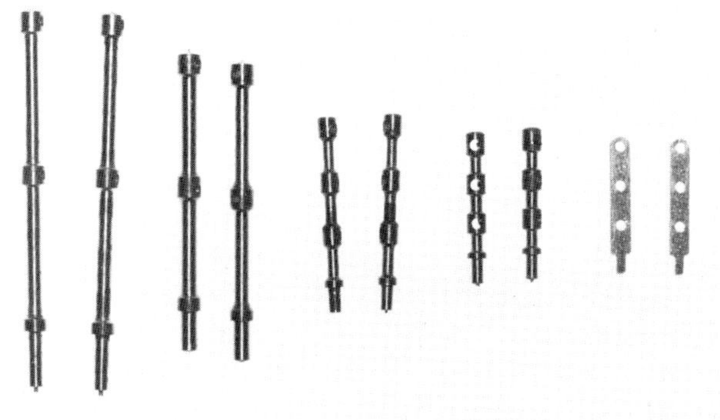

Bild 4.9.15 Handelsübliche Relingstützen (Simprop)

Im Maßstab 1:100 beträgt die Relinghöhe nur noch 10 mm. Bei dieser Größe läßt sich eine Reling am besten aus dünnem Messingdraht für die Stützen und den Handlauf sowie noch dünneren Kupferdraht für die Durchzüge zusammenlöten. Als Hilfsmittel dient ein längliches Brett, auf das die Längsdrähte zwischen eingeschlagenen Nägeln gespannt werden.

Die einfachste Andeutung einer Reling im Maßstab 1:200 geschieht durch die Verwendung 5 mm breiter Cellonstreifen. In sie werden mit einer Reißnadel die Relingstützen, Durchzüge und der Handlauf eingeritzt und mit schwarzer Tusche eingefärbt.

Für eine vorbildähnlichere Darstellung werden gewöhnliche Stahlstecknadeln in entsprechendem Abstand einige mm tief in das Deck geschlagen. Als Durchzüge dienen einzelne, dünne Adern einer Kupferlitze. Während an der ersten Stütze eine Verknotung erfolgt, werden die weiteren Stützen nur umschlungen. Das Ende schließt wieder mit einem Knoten ab. Nach Korrektur der Durchzüge auf ihre richtige Höhe wird die Reling in einer dem Modell entsprechenden Farbe lackiert. Die Farbe verhindert nach dem restlosen Austrocknen ein Verschieben der Durchzüge. Danach werden die Stecknadeln bis auf eine Länge von 4,5 mm über Deck abgekniffen. Den oberen Abschluß als Handlauf bildet eine, dem Maßstab nicht ganz entsprechende Balsaholzleiste 1 mm × 1 mm, deren Ecken leicht abgerundet werden. Die aufgelegte Leiste wird durch leichte Schläge in ihrer Lage fixiert. Eine weitere Lackierung verbindet die Teile wie verklebt. Den Arbeitsablauf zeigt Bild 4.9.16.

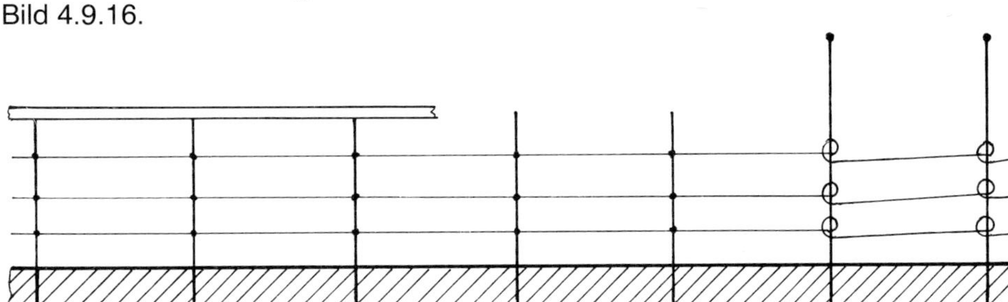

Bild 4.9.16 Anfertigung einer Reling im Maßstab 1:200

4.10 Ankervorrichtungen

Wenn ein Schiff nicht an Land oder einer sonstigen Haltevorrichtung festgemacht werden kann, ist eine Ankerausrüstung erforderlich. Hierzu gehören neben dem Anker und der Ankerkette eine Haltevorrichtung mit Kettenstopper und Einrichtungen zur Lagerung bzw. Bewegung von Anker und Kette. Zu letzteren zählen Ankerklüsen, Ankertaschen, Klüsenrohre, Kettenrutschen, Kettenfallrohre sowie Ankerspille und, sofern der Anker an Bord gelagert wird, ist zusätzlich ein Kran erforderlich. Wenngleich sich im Schiffsmodellbau die Darstellung im wesentlichen auf Anker und Winden beschränkt, sollen am Anfang die erforderlichen Voraussetzungen an Bord eines Seeschiffes in Bild 4.10.1 gezeigt werden. Es bedeuten: a – Ankerwinde, b – Kettenstopper, c – Ankerklüsenrohr, d – Patentanker, e – Ankertasche, f – Kettenkasten und g – Kettenfallrohr.

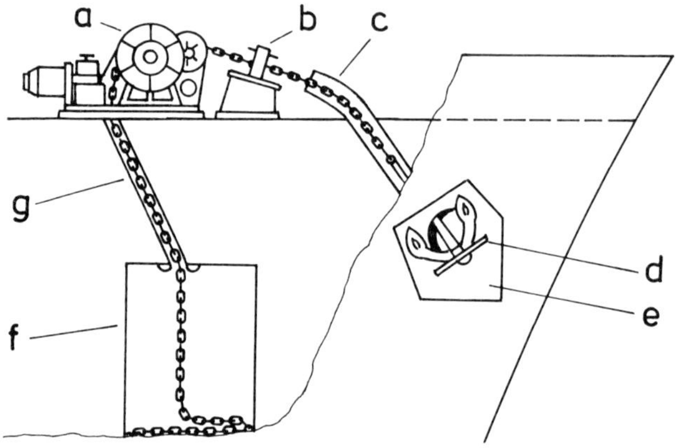

Bild 4.10.1 Vorrichtung für Betätigung des Bugankers

Von den möglichen Ankerformen findet man Draggen oder Vierflunkenanker nur noch auf einigen älteren Binnenschiffen. Kaum noch verwendet wird auch der Stock- oder Admiralitätsanker. Am meisten eingesetzt werden dagegen Patentanker, wie der Hall- oder Klippanker. Sonderformen stellen der für Feuerschiffe, Docks und andere schwimmende Baufahrzeuge verwendete Pilzanker und der speziell für Bagger vorgesehene Einflunkenanker dar. Bild 4.10.2 zeigt die Konstruktionsmerkmale der angeführten Ankerformen.

Bei den Draggen (a) befinden sich am unteren Ende des Schaftes vier symmetrisch angeordnete Flunken. Da sich zwei von ihnen in den Grund graben, ergibt sich ein besonders guter Halt. Nachteile sind: Der Draggen kann sich leicht mit der Kette verfangen, zwei Flunken zeigen nach oben und können besonders in der Binnenschiffahrt gefährlich werden, und letztlich ist der Platzbedarf an Deck recht groß.

Der Stockanker (b) mit seinen zwei gegenüberstehenden Flunken besitzt am oberen Ende rechtwinklig dazu einen Stock. Sobald der fallende Anker den Grund berührt, kippt er um und liegt auf den beiden Flunken und einer Spitze des Stocks. Bei Zugausübung auf die Ankerkette kantet der Anker über den Stock, so daß er flach aufliegt und sich mit einer Flunke eingräbt.

Zu den Patentankern gehören der Hallanker (c) und der Klippanker (d). Der Hallanker besitzt am Schaft ein bewegliches, nach beiden Seiten um 45° schwenkbares Querjoch. Nach dem Ankern liegt der Hallanker zuerst flach auf dem Grund. Sobald die Ankerkette auf Zug beansprucht wird, bewirken die seitlichen Schaufeln am Querjoch, daß sich die Flunkenspitzen in den Grund bohren.

Der Klippanker ähnelt im Aufbau und der Wirkungsweise dem Hallanker. Er ist besonders auf die Erfordernisse der Binnenschiffahrt abgestimmt. Ohne übermäßig lange Kette hält er zuverlässig auch bei starker Strömung. Erreicht wird dieses durch die längeren Flunken und den größeren Löffel sowie einem erweiterten Schwenkbereich des Querjochs auf je 60°.

Der aus Schaft und Kopf in Form einer Kugelklappe bestehende Pilzanker (e) wird in den Ankergrund eingespült. Er wird immer dann eingesetzt, wenn ein schwimmender Körper über längere Zeit am gleichen Platz verbleiben soll. Vielfach behält der Pilzanker seine Lage auch bei Ablösung des verankerten Fahrzeuges, wobei lediglich die Ankerkette übernommen wird.

Der Einflunkenanker (f) entspricht in etwa dem Stockanker, der überwiegend für Bagger und Docks sowie als Eisanker verwendet wird. Die Ausbringung dieses Ankers erfolgt durch Boote mit speziellem Hebekran. Der zweite Schäkel am unteren Ende des Schaftes dient dazu, daß die Flunke in der richtigen Lage den Grund erreicht und zuverlässig hält.

Bild 4.10.2 Ausführungsformen von Ankern

Eine kleine Vorstellung von den Abmessungen eines modernen Ankers gibt das Ausstellungsstück des Luzerner Verkehrshauses in Bild 4.10.3.

Bild 4.10.3 Anker als Ausstellungsstück

Wenngleich auch die meisten Modellbauer fertige Anker aus dem Zubehör-Angebot verwenden, soll hier in Bild 4.10.4 die Konstruktion eines Hallankers gezeigt werden.

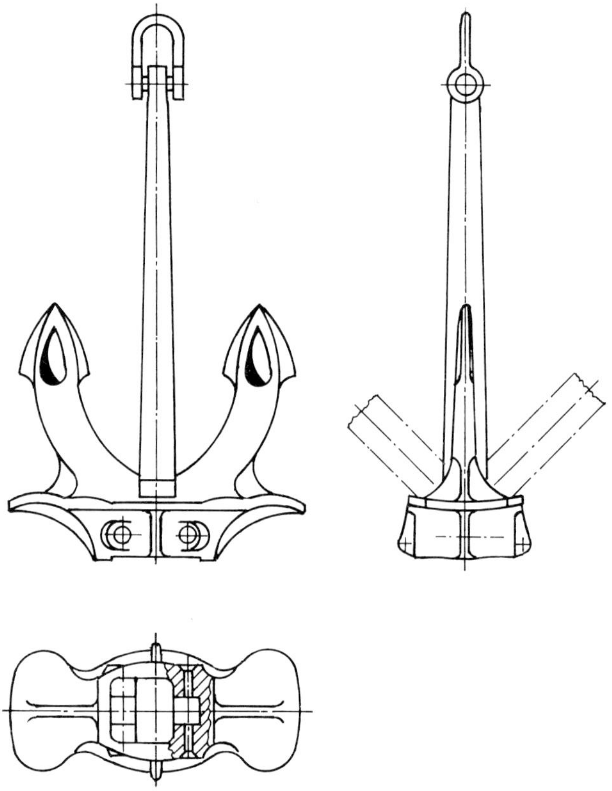

Bild 4.10.4 Konstruktion eines Hallankers

Während Bild 4.10.5 einen Modell-Stockanker mit Abnutzungserscheinungen in Form abblätternder Farbe bringt, zeigt Bild 4.10.6 einen Hallanker aus Messing, dessen Stocklänge wahlweise 30, 35, 40 oder 47 mm beträgt.

Bild 4.10.5 Stockanker mit Gebrauchsspuren

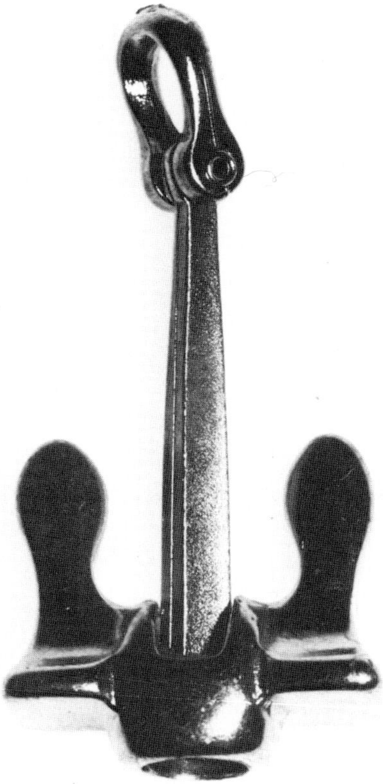

Bild 4.10.6 Modellanker aus Messing (WEMO)

Der Antriebsteil des Ankergeschirrs bilden die Hievanlagen. Je nach Lage der Hauptwelle wird zwischen Horizontalspille und Vertikalspille unterschieden. Der Antrieb erfolgt bei kleineren Ankerwinden von Hand, sonst jedoch fast ausschließlich maschinell, d. h. elektrisch oder elektrohydraulisch.

Horizontalspille werden meistens als Doppelspille gebaut, so daß für beide Buganker ein gemeinsamer Antrieb ausreicht. Ein besonderes Merkmal sind die Kettennüsse. Dieses sind Formstücke, die auf dem gesamten Umfang in gleichmäßigen Abständen Vertiefungen für die waagerechten und senkrechten Kettenglieder aufweisen. Der Umschlingungswinkel beträgt zwischen 100° und 120°. Damit liegen stets drei bis fünf Glieder im Eingriff. Zusätzlich sind an der Haupt- bzw. Zwischenwelle Spillköpfe angebracht, die die Leinen und Trossen beim Verholen des Schiffes bewegen.

Zwischen Ankerspill und Klüsenrohr sind Klemmvorrichtungen angeordnet, die den Anker festsetzen und damit ein unbeabsichtigtes Fieren verhindern sollen sowie das Spill vor Stoßbelastungen schützen. Die hierfür übliche Bezeichnung Kettenstopper ist nicht ganz richtig, da er nicht zum Stoppen der ausrauschenden Kette gedacht ist, sondern nur zu ihrem Festsetzen.

Bild 4.10.7 zeigt die Konstruktion einer handbetriebenen Ankerwinde mit einer Trommelbremse.

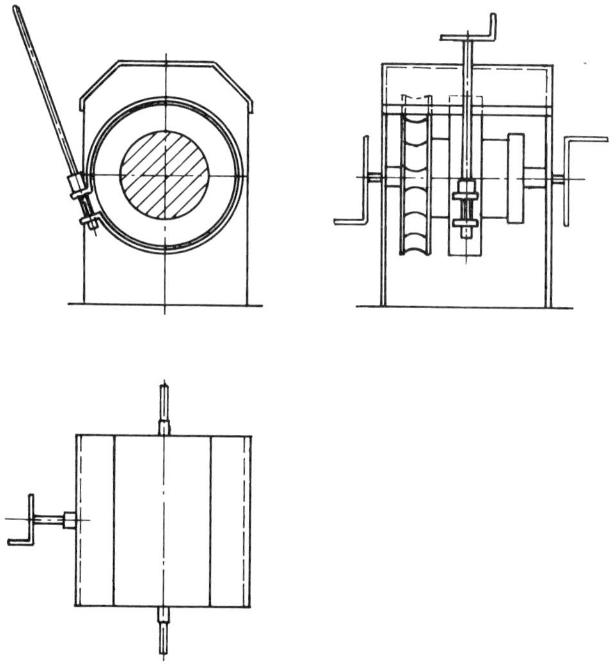

Bild 4.10.7 Konstruktion einer Hand-Ankerwinde

Die Teilansicht des horizontalen Doppel-Anker- und Bergungsspills eines älteren Hochseeschleppers bringt Bild 4.10.8. Von links nach rechts im Bild: Spill für Leinen, Lager, Trommelbremse, Spill für Trossen, Kettenrad mit Nüssen und in der Mitte das angetriebene Zahnrad. Danach setzt sich die Anordnung spiegelbildlich fort.

Bild 4.10.8 Horizontal-Ankerspill eines älteren Schleppers

Hinter dem Ankerspill werden die Ketten durch die im Deck befindlichen Klüsen und die Fallrohre in den Kettenkasten geführt. Einen solchen Übergang zeigt Bild 4.10.9.

Bild 4.10.9 Kettendurchführungen an Deck

Die Konstruktion eines horizontalen Doppelspills geht aus Bild 4.10.10 hervor. Die Erzeugung der Drehbewegung erfolgt hydraulisch durch einen Kolben über eine Kolbenstange und Exzenter auf das obere kleine Zahnrad. Letzteres wirkt auf das größere Zahnrad der Hauptantriebswelle. Über Kupplungen läßt sich jede Seite getrennt betätigen und durch die dazu gehörende Trommelbremse festsetzen.

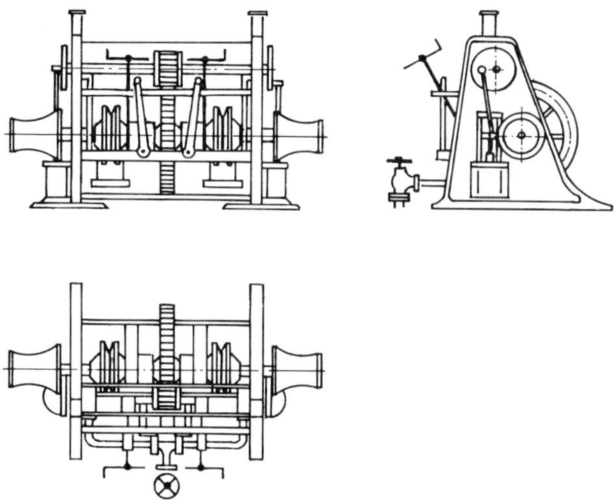

Bild 4.10.10 Konstruktion eines Doppel-Ankerspills

Wie bei den meisten Fertigteilen ist die Wahl auch bei den Ankerwinden nicht nur von der Größe her schwierig, sondern auch in bezug auf eine vorbildähnliche Ausführung. Bild 4.10.11 zeigt die einfache, stilisierte Form eines horizontalen Doppelspills.

Bild 4.10.11 Einfache Modell-Ankerspills (Steingraeber)

Etwas detaillierter wirken die beiden Modell-Horizontalspills mit angedeutetem E-Motor und den Bremsvorrichtungen in Bild 4.10.12. Feinheiten wie die Kettennüsse sind in diesen Verkleinerungen nicht mehr zu erwarten. Jedoch ermöglichen die beiden in der Grundplatte befindlichen Löcher die Weiterführung der Ketten.

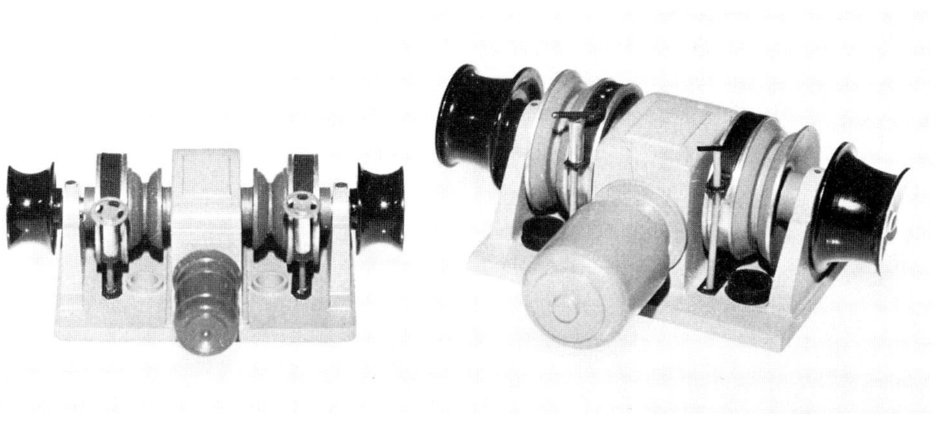

Bild 4.10.12 Ankerspills detailliert ausgearbeitet

Die ausschließlich als Einzelspill gebauten Vertikalspille werden vorwiegend bei sehr großen Schiffen, bzw. bei Platzmangel auch auf kleineren Schiffen eingesetzt. Der Antrieb erfolgt entweder von unter Deck oder wie bei der Konstruktion aus Bild 4.10.13 durch einen angeflanschten E-Motor.

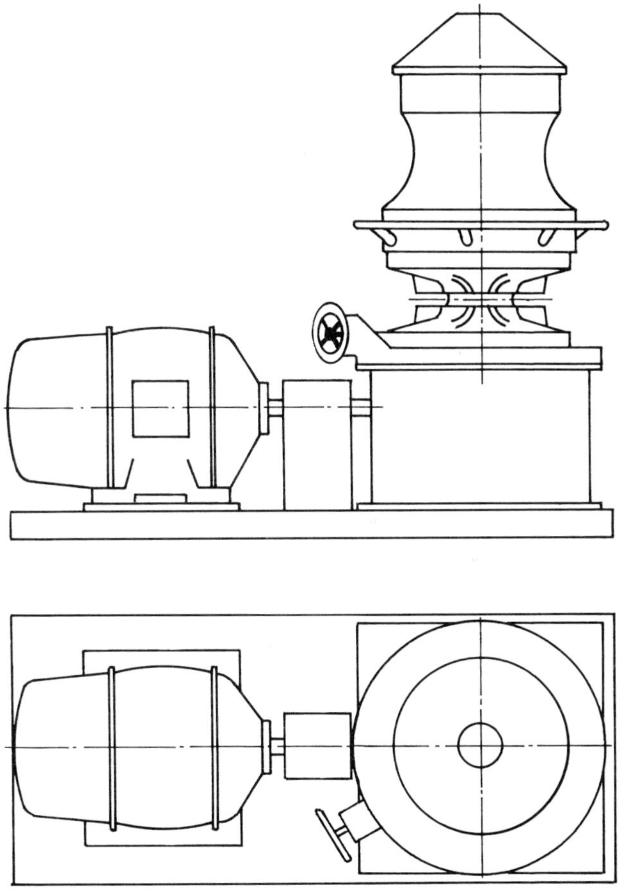

Bild 4.10.13 Konstruktion eines Vertikal-Ankerspills mit angeflanschtem E-Motor

4.11 Poller, Klüsen, Klampen

Mit Poller werden kurze, zylindrische, auf dem Deck senkrecht stehende Stahlkörper bezeichnet. Sie dienen dazu, die Leinen und Trossen zwischen Schiff und Land festzusetzen. Eine Übersicht bringt Bild 4.11.1. Es sind im einzelnen: 1 – Einfachpoller, 2 – Kreuzpoller, 3 – Doppelpoller, 4 – Doppelkreuzpoller, 5 – Doppelpoller mit Lippen, 6 – Doppelpoller mit Steg und 7 – Dreifachpoller.

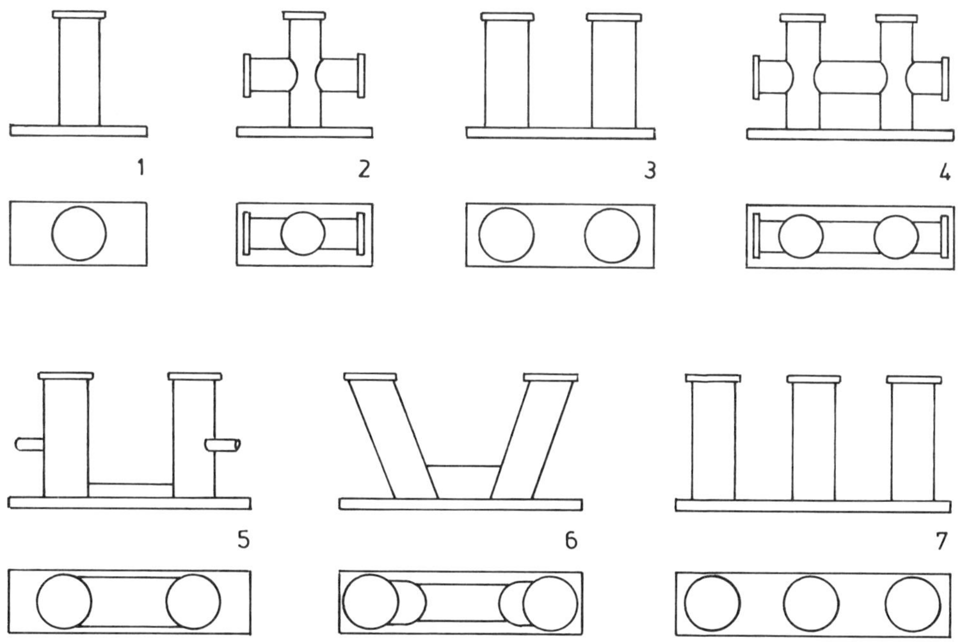

Bild 4.11.1 Übersicht der Pollerformen

Nachdem Einfachpoller kaum noch zu finden sind, werden überwiegend Doppelpoller verwendet. Drei von ihnen in Modellbauausführung zeigt Bild 4.11.2.

Bild 4.11.2 Doppelpoller in Modellbauausführung (Simprop)

Neben den einfachen Doppelpollern gibt es die Doppelkreuzpoller. Besonders stabil müssen die Pollerfundamente sein, da sie größere Kräfte aufnehmen als das daran befestigte Tauwerk. Die Größe und Anordnung der Poller richtet sich in erster Linie nach den an sie gestellten Anforderungen. Oftmals befindet sich ein starker Doppelpoller auf dem Vorschiff zwischen Ankerspill und den Bugklüsen oder -klampen. Zwei weitere Doppelpoller befinden sich am Heck in gleicher Stellung zum Verholspill. Als seitliche Poller genügen durchweg kleinere Ausführungen. Um die Poller auf Arbeitshöhe zu bringen, werden sie teilweise auf Pollerbänke gesetzt. Die stabile Ausführung eines Doppelkreuzpollers bringt Bild 4.11.3.

Bild 4.11.3 Doppelkreuzpoller auf dem Hauptdeck

Ein Doppelpoller mit Lippen von einem älteren Schlepper geht aus Bild 4.11.4 hervor. Um ein Überkommen von Wasser während der Fahrt zu verhindern, wird die Klappe in der Bordwand nur bei Vertäuen des Schiffes geöffnet. Im Hintergrund die Kette zur Ruderbetätigung.

Bild 4.11.4 Doppelpoller mit Lippen auf einem alten Schlepper

Die vorstehende Aufnahme macht deutlich, wie sehr auch einfache Ausrüstungsteile in ihrer Form voneinander abweichen können und hierdurch den vorbildgetreuen Modellbau erschweren.

Bei festen Pollern erhöhen sich die Reibungsverluste mit den stärkeren Seilen und Trossen. Aus diesem Grunde werden auf größeren Schiffen zwecks leichterer Leinenführung teilweise Rollen verwendet.

Die Anordnung von drei Rollen am Heck eines Fahrgastschiffes zeigt Bild 4.11.5. Um die Taue bei Anlegemanövern nicht zu behindern, ist die Reling diesen Erfordernissen entsprechend ausgearbeitet.

Bild 4.11.5 Heckseitig angebrachte Dreifachrollen

Zu jedem Poller an Deck gehört in den weitaus meisten Fällen eine Klüse oder Klampe. Mit ihnen wird erreicht, daß die Leinen und Trossen das Schiff nur an den hierfür vorgesehenen Stellen verlassen können. Die Klüsen sind ringsherum geschlossene Öffnungen mit einem Stahlwulstring zur Verstärkung, so daß die Leinen hindurchgesteckt werden müssen. Die Form einer Tau- und Seitenklüse geht aus Bild 4.11.6 hervor.

Bild 4.11.6 Tau- und Seitenklüse

Bei den nach oben offenen Klampen wird zwischen Belegklampe, Lippklampe und Rollenklampe unterschieden. Die Belegklampe ist eine auf dem Schanzkleid oder Deck angebrachte doppelarmige Vorrichtung zum Belegen von Tauen und Seilen. Während bei den Lippklampen das Seil nur geführt wird, erfolgt bei der Rollenklampe die Führung über Rollen. In Bild 4.11.7 sind von links nach rechts Belegklampe, Lippklampe und Rollenklampe dargestellt.

Bild 4.11.7 Beleg-, Lipp- und Rollenklampe

Ausführungsform und Anordnung der Klüsen und Klampen sind recht unterschiedlich und richten sich nach den jeweiligen Erfordernissen. Die mögliche Verwirklichung einer heckseitig angebrachten Lippklampe und einer in die Reling einbezogenen Klüse bringt Bild 4.11.8.

Bild 4.11.8 Lippklampe und Klüse im Original

Die Größe der Poller, Klüsen und Klampen ist abhängig von den hieran auftretenden Kräften. Im Modellbau wird häufig der Fehler der Überdimensionierung gemacht. Hilfreich ist hierbei die Kenntnis, daß der Originaldurchmesser der Seile und Trossen je nach Schiffsgröße in etwa zwischen 20 und 40 mm beträgt. Als Annäherungswerte beim Modell können in den Maßstäben 1:25, 1:50 und 1:100 die Durchmesser von 0,8, 0,6 und 0,4 mm gelten. Mit entsprechend starken Bindfäden lassen sich vorbildgetreue Belegungen ausführen und so Rückschlüsse auf das Größenverhältnis ziehen.

Je nach ihrer Funktion werden Poller als Festmacher- oder Schleppoller und Klampen am Bug und Heck als Festmacherklampen bezeichnet. Letztere müssen so angeordnet sein, daß die Leinen möglichst rechtwinklig zum Spillkopf laufen. Hierzu werden meistens Rollenklampen mit einer, zwei oder drei Rollen bzw. Rollenklampen mit Leitrollen verwendet. Die Anordnungen erfolgen auf dem Schanzkleid oder sind in dieses eingelassen.

Anzahl und Art sind den jeweiligen Erfordernissen angepaßt und von Schiff zu Schiff verschieden. Ihre Lage ist im allgemienen gut aus den jeweiligen Bauplänen zu entnehmen. Zu beachten ist lediglich, daß eine ungehinderte Seilfürhung möglich ist.

Die Anordnung an Deck eines Frachtschiffes kann in etwa wie in Bild 4.11.9 aussehen. Es sind 1 – Dreifachpoller, 2 – Verholspill, 3 – Doppelpoller, 4 – Lippklampe, 5 – Seiltrommel und 6 – Belegklampe.

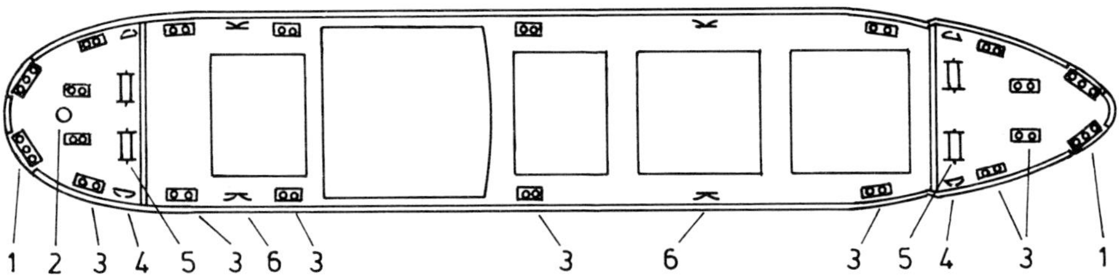

Bild 4.11.9 Anordnung an Deck eines Frachtschiffes

4.12 Landgänge und Fallreeps

Die Verbindung vom Schiff zum Kai oder zur Anlegestelle kann über Landgänge oder Landstege erfolgen, sofern die Neigung weniger als 30° gegen die Waagerechte beträgt. Während Landgänge mit beiderseitigem Geländer von allen Personen begangen werden können, dürfen die einseitig gesicherten Landstege nur von der Besatzung betreten werden. Auf den Laufflächen sind Trittleisten im Abstand von ca. 0,35 m angebracht.

Auf Flüssen und Seen dienen einfache Landgänge zur Überbrückung des Abstandes vom Schiff zum Ponton. Die Länge beträgt um die 2 bis 3 m bei Breiten zwischen 0,55 und 0,8 m. Während der Fahrt befinden sich die Laufgänge an Deck, wo sie den Durchgangsverkehr nicht stören. Einen etwa 2 m langen Laufgang mit Mindestbreite bringt Bild 4.12.1.

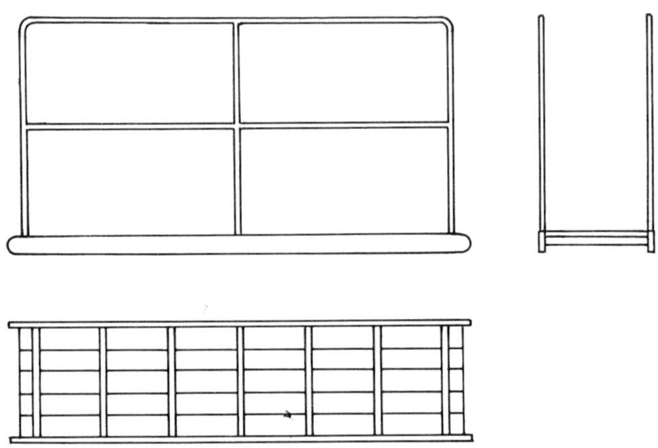

Bild 4.12.1 Schiebbarer Landgang in der Binnenschifffahrt

Größere Landgänge, auch Gangway genannt, weisen Längen von 4 bis 8 m auf. Die Breiten betragen im allgemeinen 0,7 bis 0,8 m. Während das eine Ende fest mit einer Halterung an Bord versehen ist, bzw. in das Schanzkleid eingehakt wird, sind am landseitigen Ende Rollen angebracht. Die Standardausführung einer Gangway mit 0,8 m Breite zeigt Bild 4.12.2.

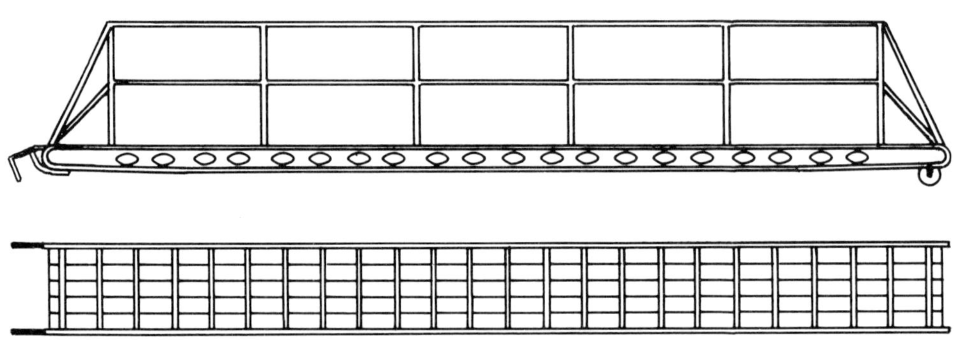

Bild 4.12.2 Landgang für Personen zwischen Schiff und Land

Fallreeps sind Treppen, die außenbords an jeder Schiffsseite herabgelassen werden und ein bequemes An- und Vonbordgehen am Kai sowie aus Booten bzw. in Boote ermöglichen. Die Fallreeps werden mit Hilfe einer Talje oder eines Fallreepdavits bewegt. Die Treppen müssen so lang sein, daß sie bei leerem Schiff und einer Neigung von 45–50° zur Waagerechten bis etwa 0,5 m über die Wasserlinie reichen. Bei Längen über 8 m muß das Fallreep geteilt und mit einem Zwischenpodest versehen sein. Aus Bild 4.12.3 geht die Unterbringung der Reling während der Fahrt, die Seiten- und Draufsicht sowie eine weitere Ausführung der Haltevorrichtung hervor, bei der sich der Davit senkrecht darüber befindet.

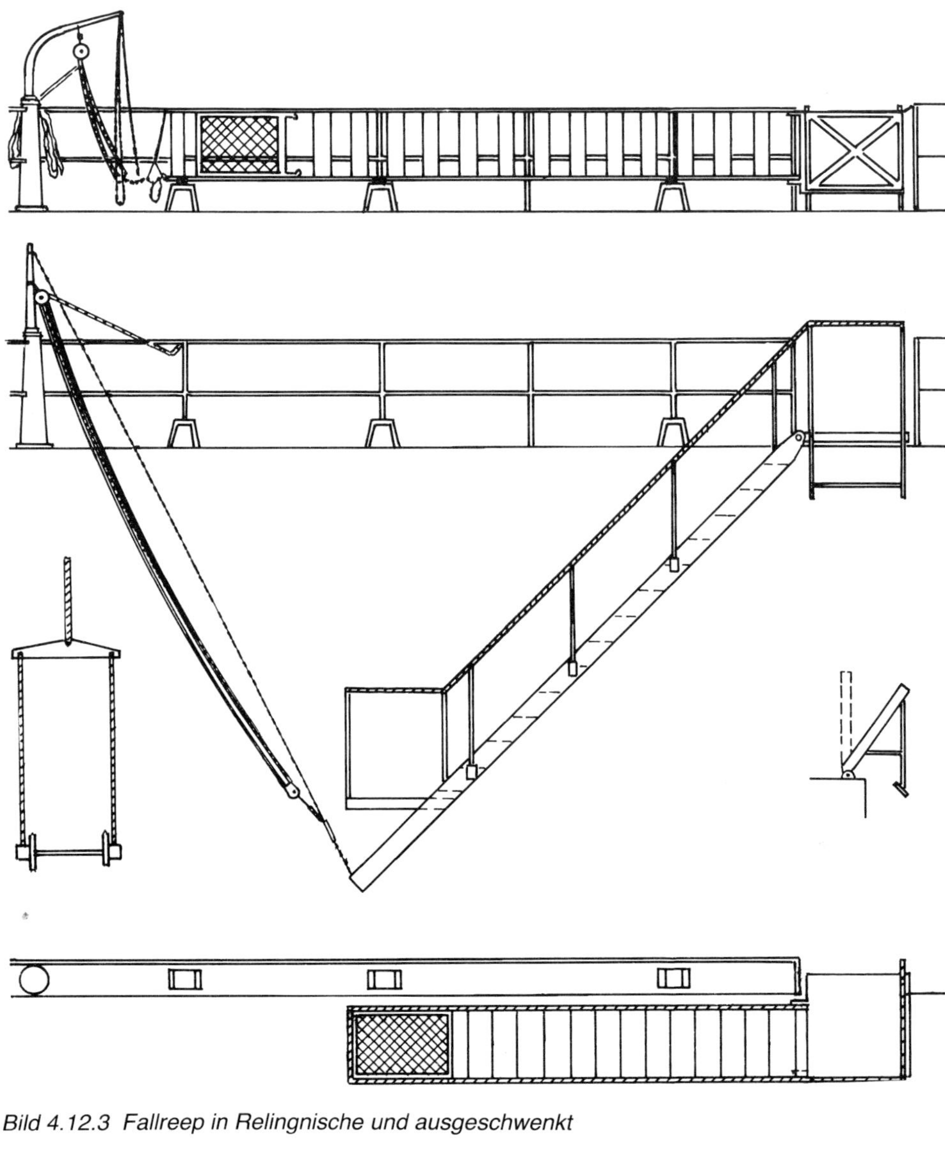

Bild 4.12.3 Fallreep in Relingnische und ausgeschwenkt

4.13 Masten und Takelage

Die ursprüngliche Aufgabe der Masten als Träger der Fortbewegung dienender Segel, besteht heute nur noch bei kleineren Fischereifahrzeugen und Sportbooten. Unter Tagelage versteht man das an Masten und Pfosten befestigte Tau- und Seilwerk mit den dazugehörenden Beschlägen. Hierbei wird zwischen stehendem und laufendem Gut unterschieden.

Während früher die Masten bis unten zum Kiel reichten, enden sie heute gewöhnlich schon auf dem Zwischendeck. Trotz einer festen Verbindung mit dem Schiff ist es erforderlich, den Mast durch Stage, Wanten und Pardunen abzustützen. Da sie im Schiffsbetrieb nur selten ihre Lage verändern, wird bei ihnen vom stehenden Gut gesprochen.

Mit den Stagen wird der Mast in Schiffslängsrichtung nach vorne zur Back hin abgestützt. Die Wanten geben dem Mast Halt nach den Seiten und die Pardunen führen seitlich nach hinten. Sie alle bestehen aus Stahlseilen, in denen oben und unten Augen mit einer Kausch eingespleißt sind. Das obere Ende wird in ein am Mast angeschweißtes Auge eingeschäkelt. Um die einzelnen Seile strammholen zu können, erfolgt die Verbindung des unteren Endes mit dem Deck durch eine Spannschraube. Die Anordnung des stehenden Gutes auf einem Seeschiff geht aus Bild 4.13.1 hervor.

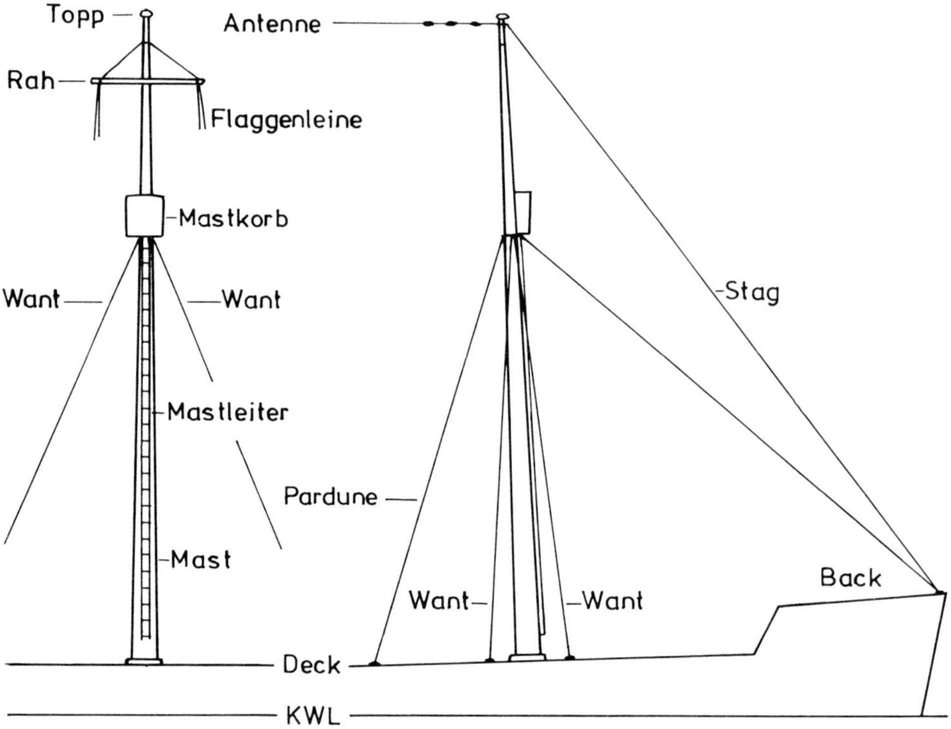

Bild 4.13.1 Anordnung des stehenden Gutes auf einem Seeschiff

Während das laufende Gut mit den beweglichen Tauen und Seilen früher zum Hieven und Fieren der Hölzer und Segel diente, wird es heute vielfach nur noch zum Bewegen von Ladebäumen, Flaggen, Signallampen und Antennen verwendet. Neben der Verspannung des stehenden Gutes an Deck unterhalb des Schanzkleides zeigt Bild 4.13.2 einen Doppelkreuzpoller mit Aufholerleinen.

Bild 4.13.2 Verspannung des stehenden Gutes

Im maschinenbetriebenen Schiffsbau dienen Masten vorwiegend als Grundelemente für das Ladegeschirr und die Signal-, Funk- und Radareinrichtungen. In diesem Zusammenhang wird von Signal-, Antennen- und Radarmasten gesprochen. Bild 4.13.3 bringt den Brückenaufbau von einem Flugkörper-Schnellboot. Hier ist der Mast durch eine größere Anzahl von Rohren unterschiedlicher Stärke ersetzt.

Bild 4.13.3 Gittermast auf einem Schnellboot

Wie eine Mastanordnung auf einem modernen Frachtschiff aussehen kann, zeigt Bild 4.13.4. Während die Antennen früher ausschließlich in Längsrichtung des Schiffes angebracht waren, verlaufen sie hier quer. Das Mastgebilde dient unter anderem zur Aufnahme von Peiler, Radar, Scheinwerfer, Stabantennen und Signallampen.

Bild 4.13.4 Mastanordnung eines modernen Frachtschiffes

Bild 4.13.5 vermittelt die umfangreiche Anordnung des stehenden und laufenden Gutes des Segel-Schulschiffes „Gorch Fock".

Bild 4.13.5 Stehendes und laufendes Gut eines Segelschulschiffes

Nachdem die vorstehende Abbildung die umfangreiche Takelage eines Segelschiffes deutlich werden ließ, zeigt Bild 4.15.6 die Belegung des laufenden Gutes am Deck beim Großmast.

Bild 4.13.6 Belegung des laufenden Gutes an Deck

Für die richtige Anordnung des stehenden und laufenden Gutes ist ein Belegplan unbedingt erforderlich. Das Mittelteil eines über 100 Postitionen umfassenden Belegplanes aus einem Bauplan bringt Bild 4.15.7.

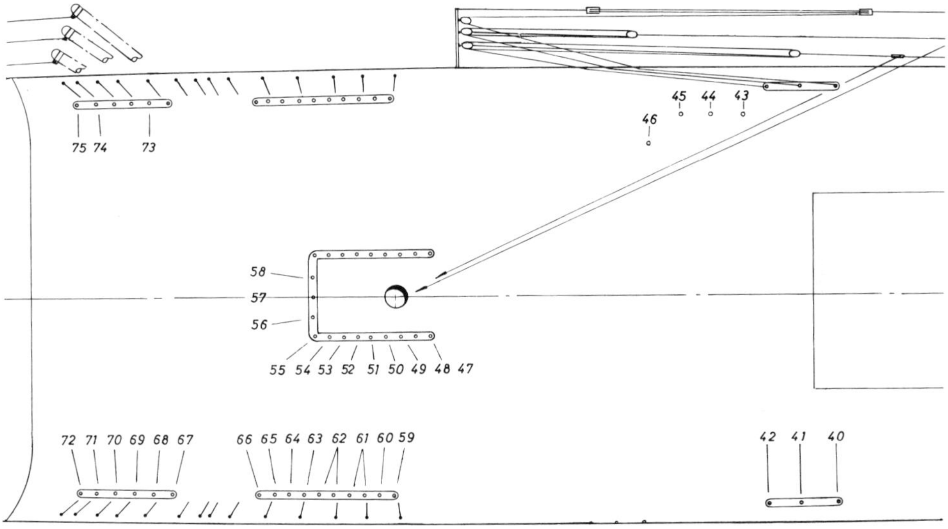

Bild 4.13.7 Ausschnitt von einem Belegplan

4.14 Ladeeinrichtungen

Zu den mit am schwierigsten zu erstellenden Teilen an einem Schiffsmodell gehören die Ladeeinrichtungen. Besonders ist hierbei die Vielzahl der Ausführungsformen, wie die Aufnahmen aus der Großschiffahrt zeigen. Da es unmöglich ist, in diesem Rahmen und auch auf Bauplänen letzte Details aufzuzeigen, kommt der interessierte Modellbauer nicht umhin, sich Aufnahmen von dem gewählten Vorbild zu beschaffen. Wenngleich es nicht Sinn einer Veröffentlichung sein sollte, Einschränkungen zu machen, so möge doch jeder vor dem Bau sorgfältig überlegen, ob er sich diese Arbeiten zutraut. Da es im allgemeinen große Vorbilder sind, bietet sich hier teilweise der Maßstab 1:100 oder 1:200 an, bei denen sich manches stilisieren läßt. Das alles schließt nicht aus, sich mit dem Aufbau und der Funktion des Leicht- und Schwergutladegeschirrs vertraut zu machen. Teilaufnahmen und Zeichnungen von den großen Vorbildern und Abbildungen handelsüblicher Ladewinden mögen dem Modellbauer eine Übersicht vermitteln.

Bild 4.14.1 zeigt das Mittelschiff eines Frachters mit seinen beiden Doppelmasten und jeweils zwei bzw. vier Ladebäumen sowie den beiden vor dem Brückenaufbau befindlichen Ladeeinrichtungen.

Bild 4.14.1 Teilansicht eines Frachters mit Masten und Ladebäumen

Die Modellausführung mit Masten und Ladebäumen sowie mit Planen abgedeckte Ladeluken bringt Bild 4.12.2. Bei aller Anerkennung der Arbeit des Modellbauers, fallen doch zwei Dinge auf, die nicht dem großen Vorbild entsprechen. Am unteren Teil des Mastes sind zur Führung der Seile zwei Schraubösen statt der üblichen Blöcke angebracht. Ferner befinden sich auf den Planen der Luken Oberlichter, die an diesen Stellen vollkommen aus dem Rahmen fallen. Hieraus mag deutlich werden, wie sehr auch auf Kleinigkeiten zu achten ist und der Teufel oftmals im Detail steckt.

Bild 4.14.2 Modellmäßige Darstellung des Ladegeschirrs

Da nicht alle Häfen über ausreichende Hebezeuge verfügen und um auch auf Reede oder zwischen See- und Binnenschiffen die Ladung umschlagen zu können, verfügen Frachtschiffe über eigenes Ladegeschirr. Es besteht aus einem Mast oder Pfosten, dem Ladebaum, der Ladewinde und dem laufenden Gut. Ladepfosten sind kurze Schiffsmasten, die oft als Laderaumlüfter ausgebildet sind und einen Lüfterkopf tragen.

Während Mast und Ladebaumpfosten feststehen, ist der Ladebaum an dessen unterem Ende mit ihnen über ein Gelenk verbunden. Der Ladebaum wird über einen Seilzug, dem Hanger, gehalten. Um den Baum heben, senken oder schwenken zu können, ist er am Fußende mit einer Gabel und dem senkrechten Ladebaumlümmel drehbar gelagert. Für die Höhenbewegungen des Ladebaumes wird das Hangerseil über den Hangerblock geführt. Gehalten wird der Ladebaum durch die Hangerkette, die mit dem Hangerseil und dem Deck verbunden ist.

Über die an der Ladebaumspitze, dem Deck oder Schanzkleid eingeschäkelten Geitauen erfolgt das Schwenken des Ladebaumes. Flaschenzüge (Taljen) erleichtern die Bewegung größerer Lasten. Für das Hieven und Fieren der Last dient das Lastseil, das von der Ladewinde über den Leitblock am Lümmellager und den an der Ladebaumspitze hängenden Ladeblock zum Ladehaken führt.

Wegen der nicht unbeträchtlichen Hafengebühren wird versucht, die Be- und Entladezeiten möglichst kurz zu halten. Um gleichzeitig an mehreren Stellen des Schiffes laden zu können, gibt es außer den Einzelmasten heute fast ausschließlich Doppelmasten, die jeweils mit zwei bis vier Ladebäumen und der entsprechenden Zahl Ladewinden ausgerüstet sind.

Bei den Ladeeinrichtungen wird unterschieden zwischen Leicht- und Schwergutladegeschirr, wobei die Grenze bei ca. 10 t liegt. Darüber hinaus gibt es Spezialschiffe, die das 20fache und mehr bewegen können.

In Bild 4.14.3 ist das Zusammenwirken der einzelnen Funktionen an einem Leichtgutladegeschirr dargestellt. Es bedeuten im einzelnen: 1 – Mast, 2 – Hangerblock, 3 – Hanger, 4 – Baumaufholer, 5 – Ladebaum, 6 – Ladeblock, 7 – Ladehaken, 8 – Lastseil, 9 – Geienstander, 10 – Geientalje, 11 – Ladewinde, 12 – Leitblock, 13 – Lümmellager, 14 – Ladebaumlümmel.

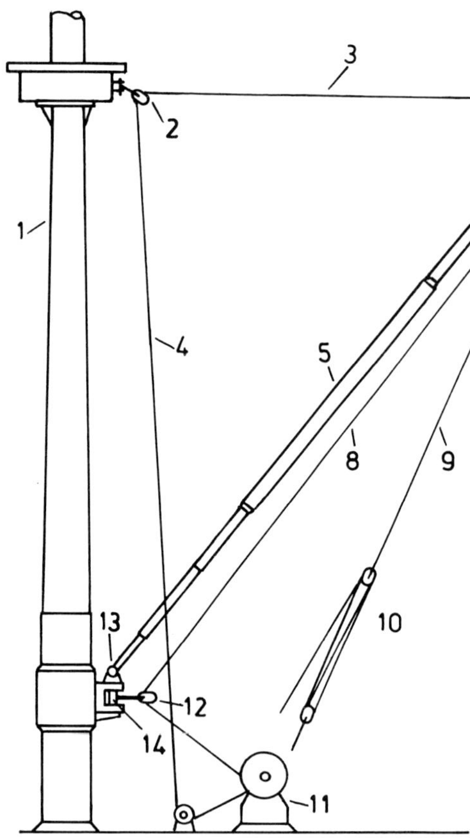

Bild 4.14.3 Aufbau eines Leichtgutladegeschirrs

Für diejenigen Modellbauer, die ihre Ladeeinrichtungen funktionsfähig herrichten wollen, einige Konstruktionsdetails. Ausführungsformen von dem am oberen Ende des Mastes befindlichen Hangerlager mit Hangerblock und dem Lümmellager mit Leitblock für den Ladebaum gehen aus Bild 4.14.4 hervor.

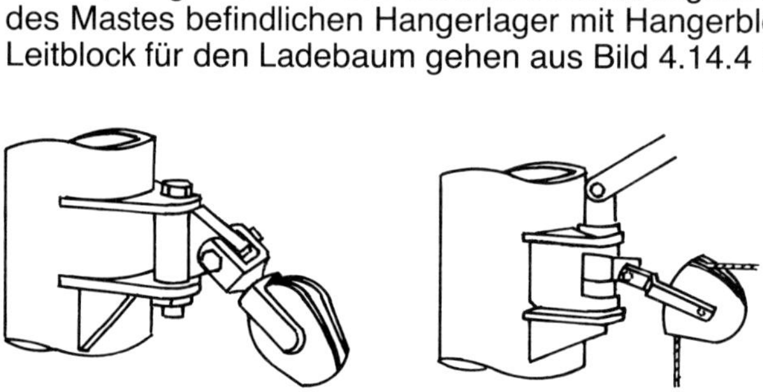

Bild 4.14.4 Hanger- und Lümmellager mit Blöcken

Bild 4.14.5 zeigt in vereinfachter Darstellung den funktionellen Ablauf mit einem Leichtgutladegeschirr. Die Zahlen bedeuten: 1 – Mast, 2 – Saling, 3 – Hangerblock, 4 – Baumaufholer, 5 – Hanger, 6 – Geitau, 7 – Geitautalje, 8 – Ladebaum, 9 – Traverse, 10 – Fangbügel, 11 – Hangerwinde, 12 – Ladewinde.

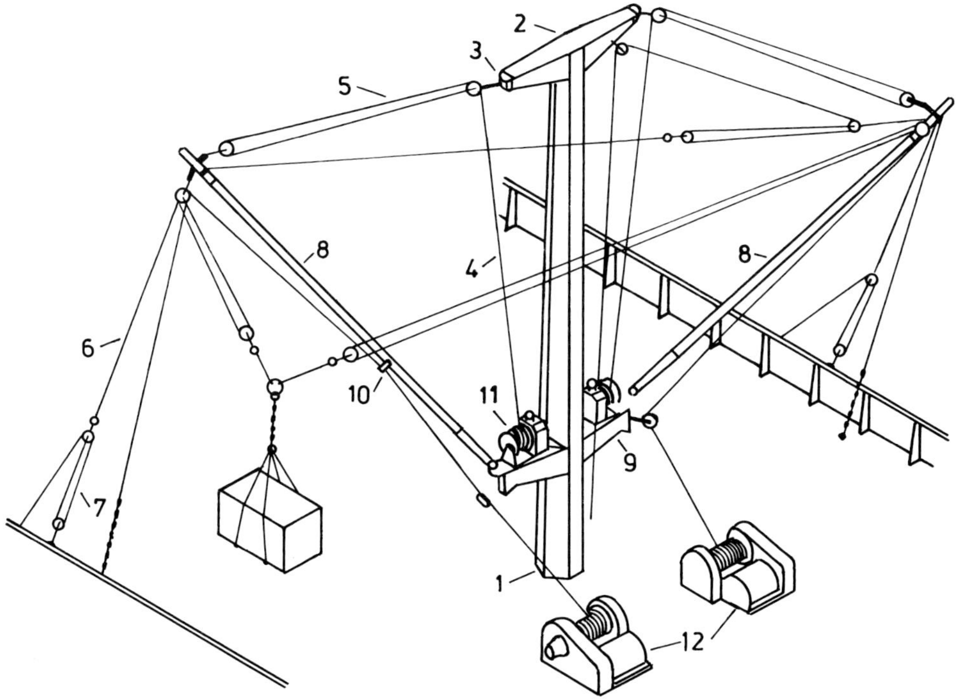

Bild 4.14.5 Funktionsablauf beim Leichtgutladegeschirr

Bei dem Schwergutladegeschirr in Bild 4.14.6 fallen besonders die für größere Kräfte erforderlichen Flaschenzüge auf. Es sind: 1 – Hangertalje, 2 – Lasttalje, 3 – Ladebaum, 4 – Ladewinde, 5 – Ladebaumstuhl.

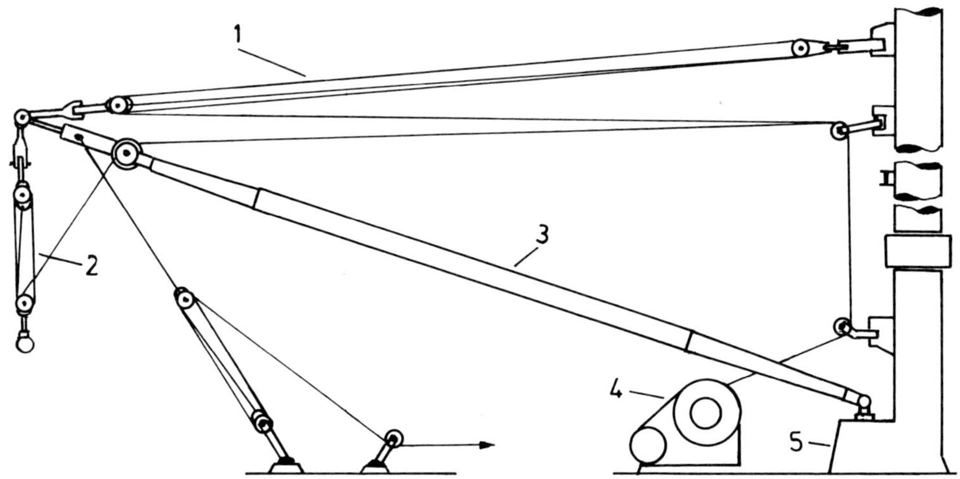

Bild 4.14.6 Anordnung eines Schwergutladegeschirrs

In Bild 4.14.7 sind die beiden Lademasten durch eine Brücke verbunden, von der aus die Ladevorgänge gut beobachtet und gezielt gesteuert werden können.

Bild 4.14.7 Durch Brücke verbundene Lademasten

Eine bessere Übersicht bei der Be- und Entladung ergibt sich ebenfalls von der auf halber Masthöhe angebrachten Plattform aus Bild 4.14.8.

Bild 4.14.8 Plattform als Steuerstand

Eine Vorstellung von den Lademasten und Ladebäumen mit ihren Blöcken, Rollen und Taljen vermittelt Bild 4.14.9. Hier wird deutlich, wieviel Arbeit und welche Kenntnisse bei der Realisierung im Modellbau erforderlich sind. Die Flecken am Mast in der linken Bildseite stammen von abgeblätterter Farbe.

Bild 4.14.9 Lademasten mit Ladebäumen und laufendem Gut

Dem nicht gerade kleinen Angebot an Ladewinden steht eine noch größere Anzahl an Bord eingesetzter Typen gegenüber, so daß die Auswahl sehr sorgfältig vorgenommen werden sollte. Besonderes Augenmerk ist auch auf die dem Verkleinerungsmaßstab entsprechenden Abmessungen zu richten. Zwei einfache Winden in Links- und Rechtsführung zeigt Bild 4.14.10.

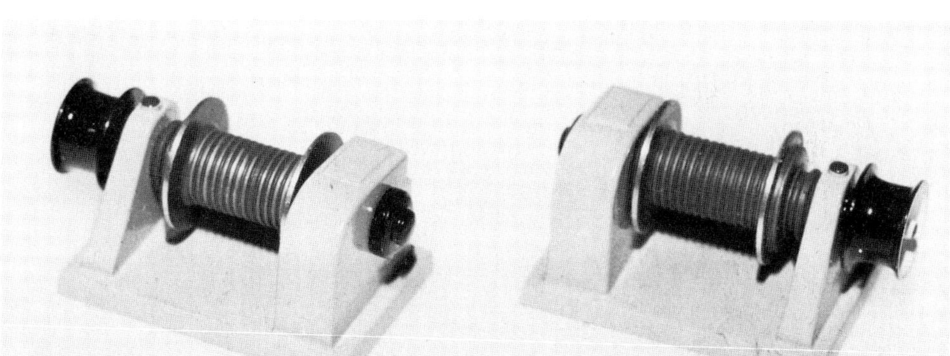

Bild 4.14.10 Einfache Ladewinde in Links- und Rechtsausführung (WEMO)

Um die Ladevorgänge und damit die Hafenliegezeiten zu verkürzen, befinden sich auf modernen Schiffen statt ein Lademast in der Längsschiffslinie, vielfach zwei in seitlicher Versetzung. Hierzu gehören auch zwei, spiegelbildlich konstruierte Winden, wie in Bild 4.14.11 gezeigt.

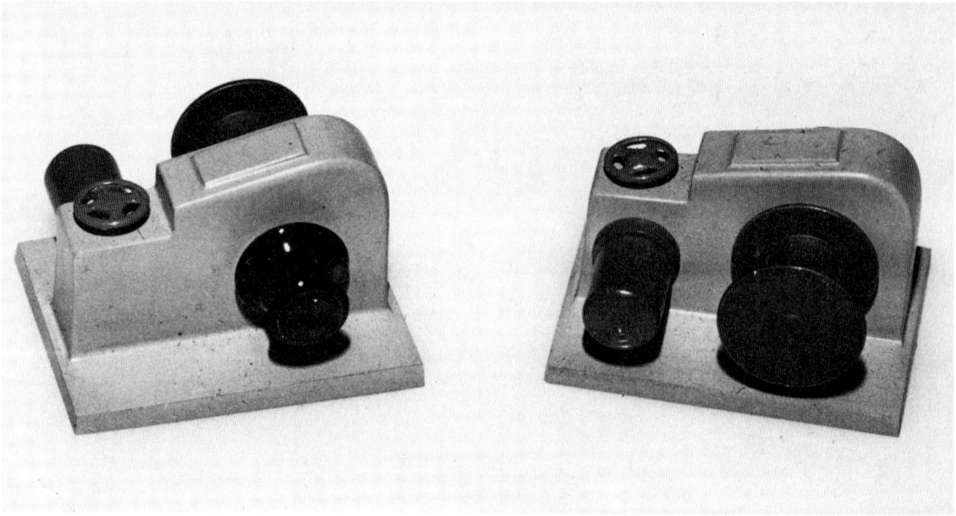

Bild 4.14.11 Ankerwinden mit angeflanschtem Motor

Im Laufe der Jahrzente hat sich nicht nur die Antriebsart der Winden, von Dampf zum E-Motor, sondern auch die äußere Form verändert. Ein Umstand, der besondere Beachtung erfordert.

Das Vorbild der Ladewinde aus Bild 4.14.12 stammt von einem älteren Schiff. Sie ist daher nur auf einem dieser Zeit entsprechenden Modell anzubringen.

Bild 4.14.12 Modell einer älteren Ladewinde (Steingraeber)

Frachtschiffe sind je nach ihrer Größe mit mehr oder weniger aufwendigen Ladeeinrichtungen ausgerüstet. Dagegen finden sich auf Zweckfahrzeugen, wie z. B. Arbeitsboote und Versorger, meistens nur Kräne für die Übernahme von Ausrüstungsgegenständen und Baumaterialien. Die vielfältigen Aufgaben, die teilweise unter erschwerenden Umständen, z. B. bei rauher See, erfüllt werden sollen, erfordern ganz spezielle Konstruktionen. Hieraus ergeben sich die unterschiedlichsten Ausführungsformen.

Der Schiffskran aus Bild 4.14.13 besteht aus 13 detaillierten Spritzteilen und ist in drei Ebenen funktionsfähig. Der zum Baukasten „Happy Hunter“ im Maßstab 1:50 gehörende Kran „Mammoet“ ist auch einzeln lieferbar.

Bild 4.14.13 Schiffskran Mammoet (robbe)

Eine nicht alltägliche Konstruktion der Kräne auf einen Versorger geht aus Bild 4.14.14 hervor. Um ausreichend Platz für eine Deckladung zu haben, befinden sich die beiden Kräne nicht mittschiffs, sondern an der einen Bordseite.

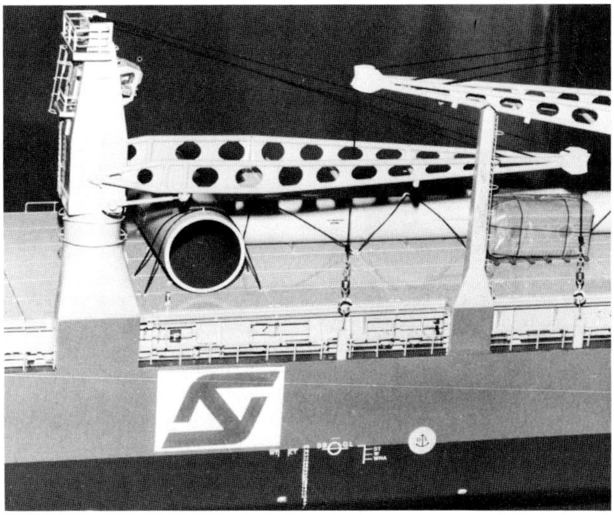

Bild 4.14.14 Krankonstruktion auf einem Versorger

4.15 Beiboote und Krane

Kleinere Zweckfahrzeuge führen oftmals Verkehrs- oder Arbeitsboote mit, die über Ladebäume, Bootskrane bzw. Drehdavits zu Wasser gelassen und wieder an Bord genommen werden. In den meisten Fällen finden diese nicht sehr großen Boote ihre Lagerung in auf Deck befindlichen Bootsklampen. Die vorwiegend aus Holz, Leichtmetall oder Stahl bestehenden Bootsklampen sind mit Gummi oder Kunststoff ausgelegt, um Beschädigungen sowie ungleichen Auflagedruck des Bootskörpers zu verhindern. Die Boote werden in ihren Lagerungen so festgezurrt, daß sie sich nicht bewegen können. Hierzu werden kurze Ketten oder Spannseile über das Boot gehakt, die im Bedarfsfall schnell gelöst werden können. Vielfach sind die Boote zum schnelleren Aussetzen fest mit den hierfür vorgesehenen Einrichtungen verbunden. Die Anordnung der Boote ist sehr unterschiedlich, da sie sich nach dem zur Verfügung stehenden Platz richtet. Durch die Größe der einzelnen Boote wird auch die Art der Aussetzvorrichtungen und ihre Betätigung mitbestimmt. Einige der möglichen Ausführungsformen sollen auf den folgenden Seiten vorgestellt werden.

Recht großer Beliebtheit erfreuen sich seit Anfang der 60er Jahre Modelle von Seenot-Rettungskreuzern. Eine besondere Form der Beiboote stellen die sogenannten Tochterboote dar. Sie lassen sich ferngesteuert aussetzen, getrennt fahren und wieder anbordnehmen. Abweichend von den üblichen Vorrichtungen werden die Tochterboote nach Öffnen einer Heckklappe ausgesetzt und wieder aufgenommen. Das aufgeslipte Tochterboot „Vegesack“ des Seenot-Rettungskreuzer „Adolph Bermpohl“ in Modellausführung bringt Bild 4.15.1.

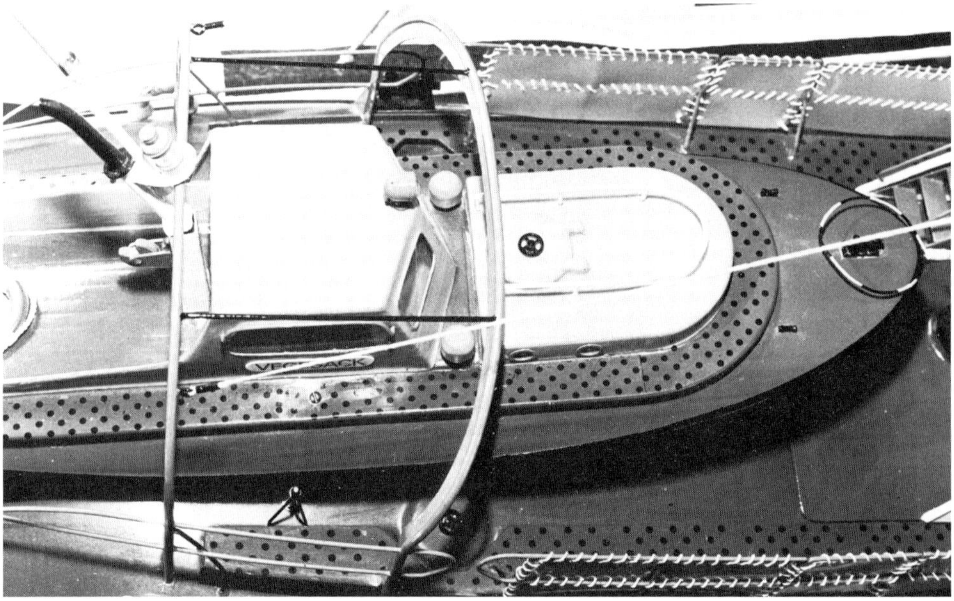

Bild 4.15.1 Tochterboot eines Seenot-Rettungskreuzers

Da Beiboote aus Sicherheitsgründen nicht am Bug gelagert werden dürfen und mittschiffs vielfach stören würden, finden sie ihren Platz in den weitaus meisten Fällen auf dem Achterdeck. Bei dem modernen Fischewer aus Bild 4.15.2 ist das Boot hinter dem Brückenaufbau unter dem Besansegel gelagert. Die Festsetzung erfolgt über kreuzweise verspannte Leinen. Nachdem auf dem Bild keine Vorrichtung zum Wassern des Bootes zu erkennen ist, scheint der Modellbauer diese „Kleinigkeit“ übersehen zu haben.

Bild 4.15.2 Beiboot auf einem Ewer

Daß die Boote nicht immer aus Holz oder GfK sein müssen, zeigt Bild 4.15.3. Hier befindet sich ein Schlauchboot mit Außenbordmotor backbordseitig auf dem Oberdeck nahe dem Heck. Der handbetätigte Kran läßt sich in drei Ebenen betriebsfähig ausführen. Im einzelnen sind es das Heben und Senken des Kranarmes, das Hieven und Fieren des Bootes und sein Ausschwenken.

Bild 4.15.3 Schlauchboot am Kran

Ein häufig gewählter Platz für Schlauchboote bei Wassertreckern ist mittschiffs zwischen Aufbau und Schleppwinde. Die Konstruktion eines Schlauchbootes geht aus der Zeichnung von Bild 4.15.4 hervor. Die Abmessungen entsprechen in etwa dem Modellmaßstab 1:25. Da es sich beim Nachbau des Bootes um kein funktionsfähiges Teil handelt, kann es aus Balsaholz herausgearbeitet werden.

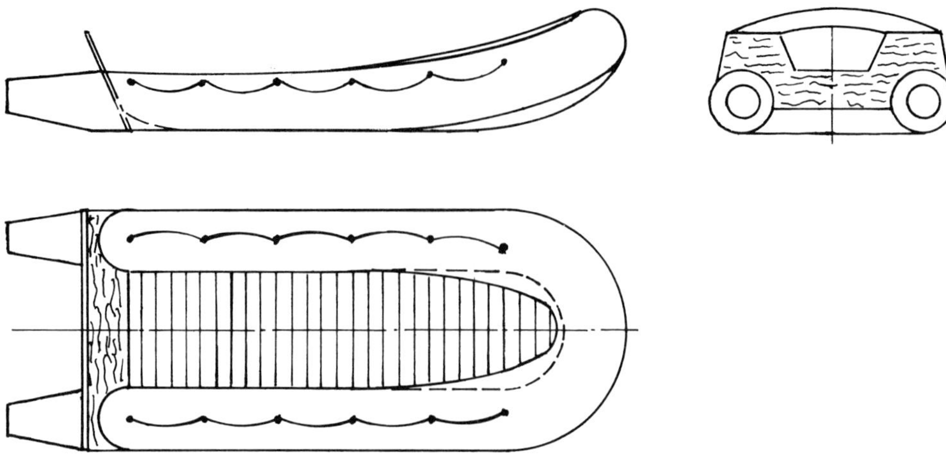

Bild 4.15.4 Konstruktion eines Schlauchbootes

Häufig werden Arbeitsboote mit Drehdavits ausgeschwenkt. Sie stehen in einem an Deck fest angeschweißten Koker, der Hals- und Fußlager des Davits enthält. Zum Wassern des Bootes werden die Davits einzeln zueinander gedreht, so daß nach einer vorübergehenden Annäherung beide über die Bordkante hinausragen. Hiernach befindet sich das Boot über der Wasserfläche und kann abgefiert werden. Eine Anordnung von Boot und Drehdavits zeigt Bild 4.15.5.

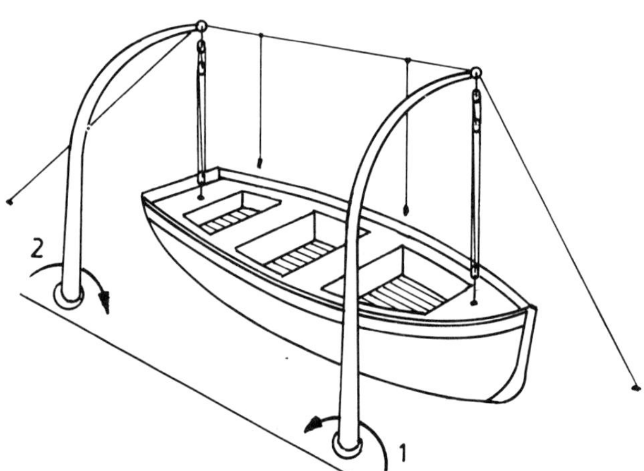

Bild 4.15.5 Beiboot mit Davits

Bei dem Nachbau dieser Anordnung sollten auch die Kleinigkeiten beachtet werden. Gedacht ist hier an die beiden Flaschenzüge mit ihren Blöcken und die Manntaue.

Nach der Darstellung des Zusammenwirkens von Drehdavits und Boot ist in Bild 4.15.6 ein als Modellbauzubehör erhältlicher Schwenkdavit abgebildet. Mit den Abmessungen von 50 mm × 60 mm entspricht er in etwa dem Maßstab 1:25. Durch die ausladende Form entsteht ein großer Schwenkbereich, so daß dieser Schwenkdavit nur als Einzelstück für eine zentrale Aufhängung geeignet ist.

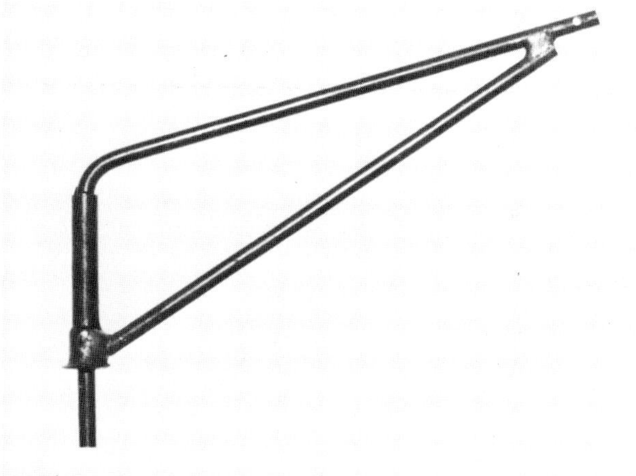

Bild 4.15.6 Schwenkdavit (Simprop)

Ein mit zwei Rudern ausgerüstetes Beiboot innerhalb der Reling auf dem Achterdeck bringt Bild 4.15.7. Sicher soll beim Vorbild des Modells nach Abnehmen der Kette am Heck der Übergang zum Boot erfolgen. Dafür müßte aber der Kran an der gleichen Seite weiter nach hinten stehen.

Bild 4.15.7 Beiboot mit Zentralaufhängung

Sofern für ein Beiboot an Deck kein Platz vorhanden ist, läßt sich das Problem der Unterbringung nach Bild 4.15.8 lösen. Die starken hölzernen Davits sind auf dem Achterdeck fest mit dem Bootskörper verbunden. Die Aufhängung des Bootes wird über zwei Leinen vorgenommen, die an den Belegklampen der Davits festgesetzt werden. Da keine weiteren beweglichen Teile vorhanden sind, wird das Zuwasserlassen nur durch das gleichmäßige Fieren der beiden Leinen erreicht.

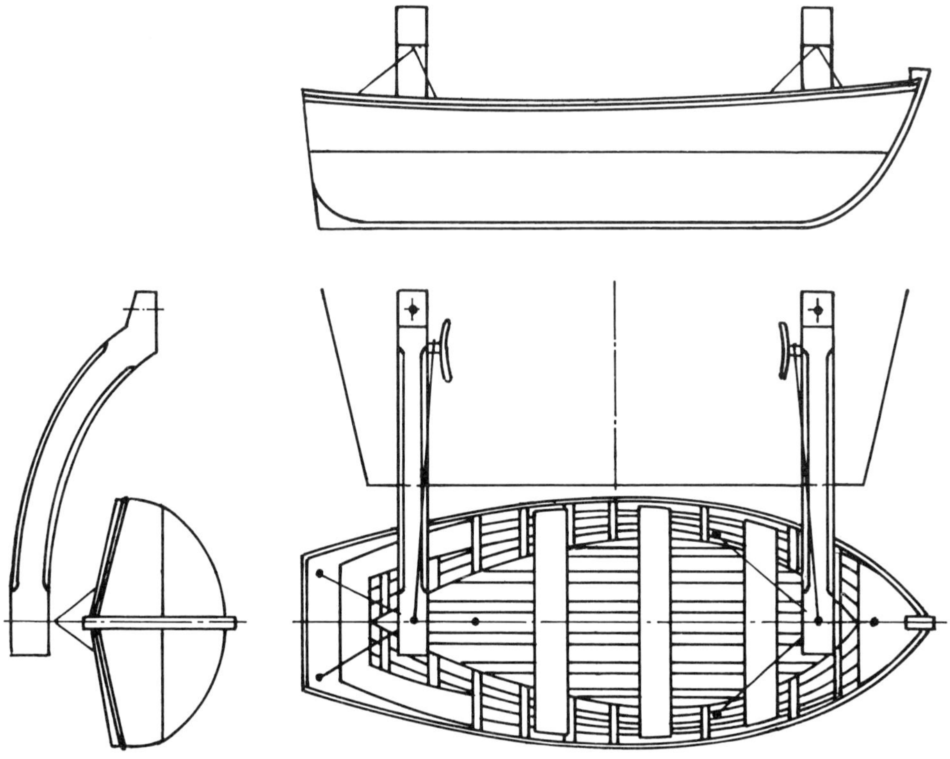

Bild 4.15.8 Beiboot außerhalb des Schiffskörpers

Mit der Größe der Boote wachsen auch die Aussetzvorrichtungen. Die Konstruktion von einem stabilen, handbetätigten Kran mit drei Bewegungsebenen geht aus Bild 4.15.9 hervor. Ein Kran, der ebenfalls für die Übernahme von Bedarfs- oder Transportgüter auf Kleinfahrzeugen eingesetzt werden kann. Die Möglichkeit einer Funktionsfähigkeit ist vom Maßstab abhängig.

Daß ein Kran nicht nur für Boote und Ladungsübernahme benutzt werden kann, geht aus Bild 4.15.10 hervor, das den hinteren Teil des Forschungsschiffes „Calypso“ zeigt. Am Kranhaken hängt eine Unterwasserbeobachtungskammer. Mit ihr wurden von Jacques-Yves Cousteau und seinen Mitarbeitern bei unzähligen Fahrten eine ganze Reihe wissenschaftlicher Forschungen durchgeführt.

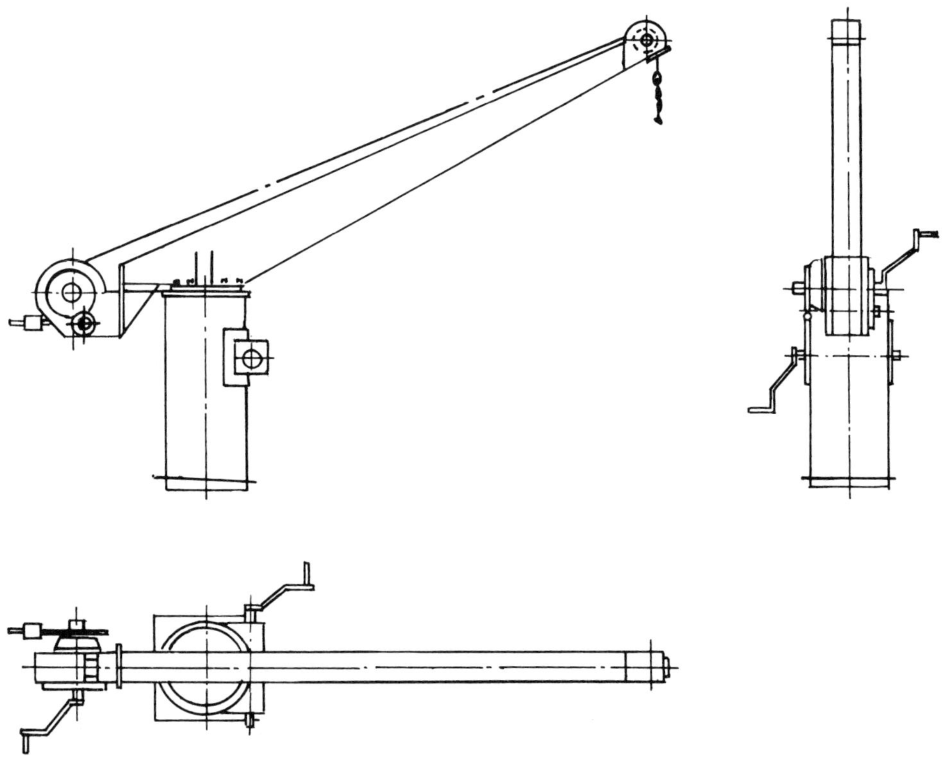

Bild 4.15.9 Konstruktion eines Krans

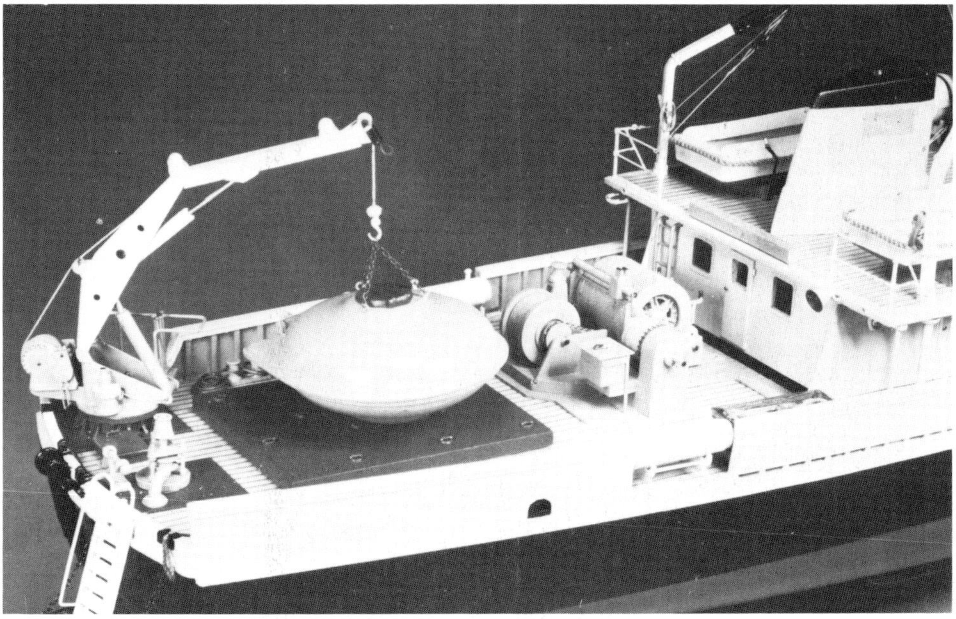

Bild 4.15.10 Unterwasser-Beobachtungskammer der CALYPSO (Simprop)

4.16 Winden, Seiltrommeln, Spills

Nach den Anker- und Ladewinden stehen bei Zweckfahrzeugen, wie z.B. Schleppern und Fischdampfern, Spezialwinden im Vordergrund. Hinzu kommen bei größeren Schiffen noch Winden und Spills, die dem Verholen bei Anlegemanövern dienen.

Die schon ältere Schleppwinde des im Bremerhavener Schiffahrtsmuseum liegenden Schlepper „Seefalke" zeigt Bild 4.16.1. Um Schiffe in Seenot sicher an die Leine nehmen zu können, ist eine stabile Ausführung Voraussetzung.

Bild 4.16.1 Schleppwinde auf einem älteren Schlepper

Eine moderne, stilisierte Modell-Schleppwinde mit angedeutetem E-Motor aus Bild 4.16.2 wirkt dagegen recht bescheiden. Die beiden gegensätzlichen Formen machen erneut die Schwierigkeiten bei der richtigen Wahl handelsüblicher Zubehörteile deutlich.

Bild 4.16.2 Moderne Schleppwinde mit E-Motor (WEMO)

Fischdampfer und Trawler sind zum Einholen der Fänge mit Netzwinden ausgerüstet. Eine recht einfache Modell-Ausführung bringt Bild 4.16.3.

Bild 4.16.3 Netzwinde mit Antrieb und Alu-Seilrollen (WEMO)

Wie eine Reihe anderer Zubehörteile werden auch die drei folgenden Netzwinden von mindestens zwei Großhändlern angeboten. Der eigentliche Hersteller dürfte jedoch eine dritte Firma sein. Die Abmessungen der Plastik-Netzwinde mit Messing-Seilrollen aus Bild 4.16.4 betragen 125 mm × 72 mm × 45 mm.

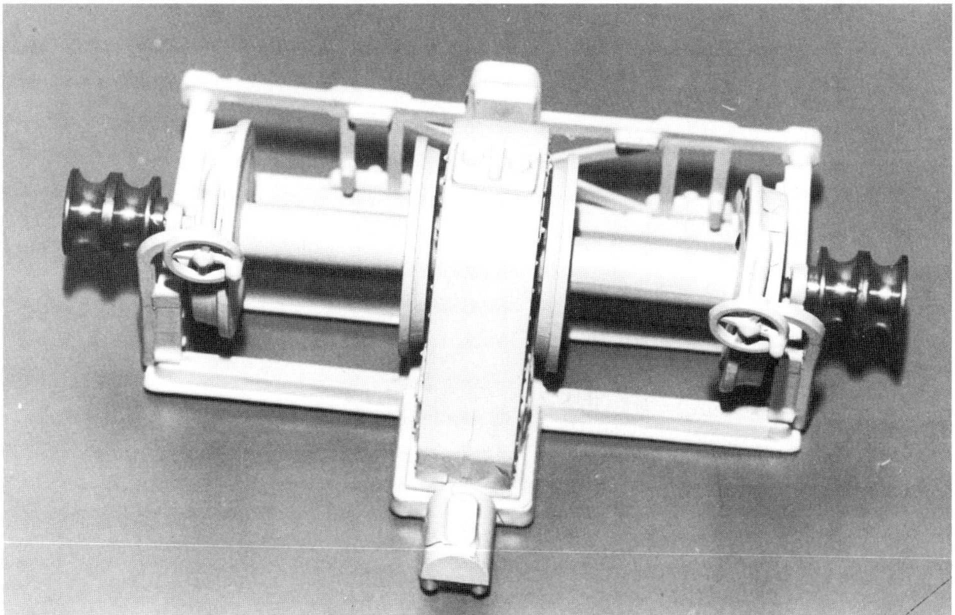

Bild 4.16.4 Netzwinde aus Plastik mit Messingseilrollen (aeronaut)

Eine weitere Netzwinde aus Plastik mit Ms-Doppelseilrollen in den Abmessungen 87 mm × 30 mm × 36 mm zeigt Bild 4.16.5.

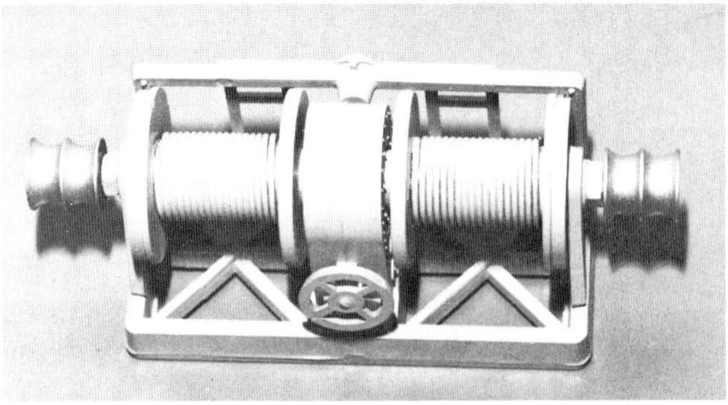

Bild 4.16.5 Plastik-Netzwinde mit Ms-Seilrollen (aeronaut/Steingraeber)

Ganz aus gespritztem Plastik besteht die Netzwinde aus Bild 4.16.6. Ihre Abmessungen betragen 91 mm × 44 mm × 45 mm. Wenngleich sich diese drei Winden ähneln, sollte eine evtl. Wahl durch die dem Verkleinerungsmaßstab entsprechenden Abmessungen bestimmt werden.

Bild 4.16.6 Plastik-Netzwinde (aeronaut/Steingraeber)

Vier als Zubehörteile angebotene Kabel- und Seilwinden bringt Bild 4.16.7. Die Abmessungen ihrer Grundflächen liegen in etwa zwischen 20 mm × 15 mm und 35 mm × 20 mm.

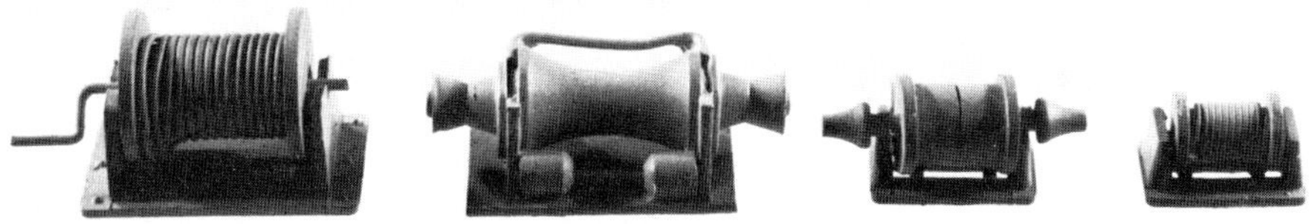

Bild 4.16.7 Kleine Kabel- und Seilwinden (Steingraeber)

Von den beiden Seilwinden mit Aluminiumtrommeln in Bild 4.16.8 ist die rechte mit zwei Handkurbeln versehen. Die Grundabmessungen betragen in beiden Fällen ca. 18 mm × 12 mm. Für den Selbstbau von Seilwinden werden im Handel Alu-Seiltrommeln mit Durchmessern von 6 bis 16 mm angeboten.

Bild 4.16.8 Seiltrommeln (WEMO)

Im Unterschied zu den Winden werden bei einem Verholspill die Leinen und Trossen nicht aufgetrommelt, sondern durch Seilreibung mitgenommen. Hierzu wird das Seil mit zwei bis vier Umschlingungen um den laufenden Spillkopf gelegt und das freie Ende von Hand angezogen. Der Antrieb des Vertikalspills kann auf drei Arten erfolgen. Einmal durch einen seitlich angeflanschten E-Motor wie in Bild 4.16.9 gezeigt. Ferner platzsparend mit Motor und Getriebe innerhalb des Spillkopfs oder von unter dem Spill liegenden Raum aus, wie es sich im Modellbau anbietet.

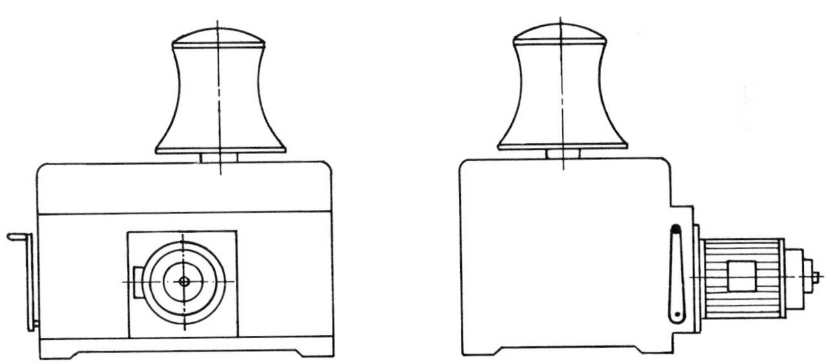

Bild 4.16.9 Konstruktion eines Vertikalspills mit angeflanschtem E-Motor

5. Aufbauten

5.1 Ausführungsformen

Das Freiborddeck ist das oberste, auf das Freibord bezogene Deck. Es schließt den Schiffskörper nach oben hin ab und trennt ihn von den darüber liegenden Aufbauten. Als Aufbauten gelten alle gedeckten Räume oberhalb des Freiborddecks, die sich nur über einen Teil der Schiffslänge erstrecken und deren Breite mehr oder gleich 0,96 des jeweiligen Decks beträgt.

Alle anderen gedeckten Räume oberhalb des Oberdecks, deren Seitenwände einen Abstand von mehr als 4 % der Breite des Schiffes von den Bordseiten einnehmen und Fenster bzw. Türen in den Außenwänden haben, werden als Deckshäuser bezeichnet. Zu ihnen zählen Brücken-, Karten- und Ruderhaus.

Bei den im allgemeinen bevorzugten Modellängen zwischen 90 und 140 cm finden sich in den Maßstäben 1:25 und 1:50 vorwiegend Deckshäuser, während bei den Maßstäben 1:100 und 1:200 Aufbauten mit Deckshäusern überwiegen. Deckshäuser dienen nicht nur zur Unterbringung der für die Schiffsführung erforderlichen Einrichtungen, sondern auch als Träger für Signal- und Sicherheitsausrüstungen. Bild 5.1.1 zeigt das Brückenhaus einens Lotsenversetzschiffes mit Antenne, Radar, Funkpeiler, Rettungsring und Rettungsinseln sowie im Augenblick abgedecktem Kompaß und Maschinentelegraf.

Bild 5.1.1 Brückenhaus eines Lotsenversetzschiffes

Wie unterschiedlich Deckshäuser sein können, zeigen die beiden nebenstehenden Modellaufnahmen. Bild 5.1.2 bringt das Deckshaus eines älteren, noch mit Dampf betriebenen Schleppers.

Bild 5.1.2 Deckshaus eines Dampf-Schleppers

Einen wesentlich moderneren Typ eines Motorschleppers mit offenem Ruderstand zeigt Bild 5.1.3. Bei Schlechtwetter wird das Schiff von dem darunter liegenden Raum gesteuert.

Bild 5.1.3 Motorschlepper mit offenem Ruderstand

In den meisten Fällen werden die Deckshäuser aus einzelnen Holzbrettchen und Balsastückchen zusammengeleimt. In dem in Bild 5.1.4 vorgestellten, halbfertigen Schleppermodell lassen sich die Holzteile infolge ihrer unterschiedlichen Färbung gut erkennen. Während das Ruderhaus bereits mit Fenstern versehen ist, fehlen sie noch für die darunter liegenden Räume. In einigen Fällen werden statt der Öffnungen auch dünne Holzrähmchen mit getönten Cellon aufgeklebt.

Bild 5.1.4 Brückenaufbau aus Holz

Daß es nicht immer Holz sein muß, bewies der Erbauer des Deckshauses aus Bild 5.1.5. Als Material diente 0,4 mm dickes Aluminiumblech, wie es bei der Anfertigung von Offset-Druckplatten verwendet wird. Während hier Abfallstücke verarbeitet wurden, besteht für den interessierten Modellbauer die Möglichkeit, günstig nicht mehr verwendbare Druckplatten zu erwerben. Die einzelnen Flächen werden unter Mithilfe kleiner Winkelstreifen mit UHU plus oder einem ähnlichen Kleber zusammengebracht.

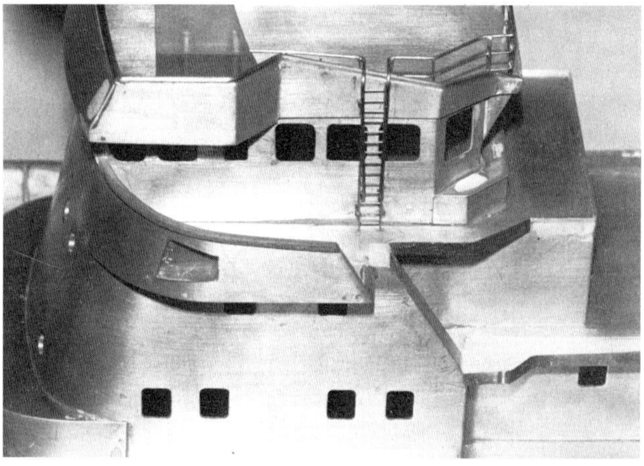

Bild 5.1.5 Deckshaus aus Alu-Blech

Die meisten Schiffsmodellbauer bevorzugen Nachbauten in den Maßstäben 1:25 und 1:50 mit verhältnismäßig einfachen Aufbauten und Deckshäusern, die gut ausgearbeitet werden können. Auch ergeben sich infolge der größeren Abmessungen der einzelnen Ausrüstungsteile geringere Arbeitszeiten als bei der wesentlich größeren Anzahl kleinster Teile in den Maßstäben 1:100 und 1:200. Alles dieses mag dazu beigetragen haben, daß es von größeren Schiffen nur wenige Baupläne und noch weniger Baukästen gibt.

Gewiß erfordert die Anfertigung einer Reling im Maßstab 1:200 hohes handwerkliches Geschick und die Einhaltung gleicher Abstände einer ganzen Reihe von Fenstern äußerst genaues Arbeiten. Da der Aufwand jedoch von einem Schiffstyp zum anderen sehr unterschiedlich ist, sollte auch dieses berücksichtigt werden. Während die anfallenden Arbeiten am Rumpf lediglich durch die Bauweise Holz, GfK oder ABS bestimmt wird, ergeben sich wesentliche Unterschiede erst bei den Aufbauten. Grundsätzlich läßt sich zwischen Passagierschiffen mit einem, fast über die ganze Schiffslänge gehenden Aufbau und Fracht- bzw. Transportschiffen mit längenmäßig begrenzten Aufbauten unterscheiden. Von letzteren sind besonders aufwendig im Bau die Frachtschiffe mit umfangreichem Ladegeschirr.

Von den vielen möglichen Formen der Aufbauten mit Brückenhaus auf Frachtschiffen bringen die folgenden Zeichnungen drei Beispiele. Bild 5.1.6 zeigt neben einem einfachen Brückenhaus eine weitere Bauausführung, bei der sich an das Kartenhaus beiderseitig ein Brückennock anschließt.

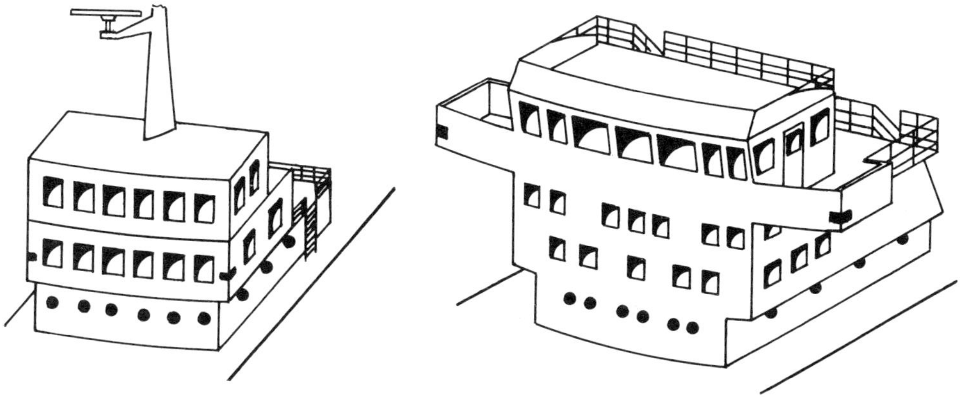

Bild 5.1.6 Brückenaufbau-Konstruktionen

Ein über die ganze Deckbreite erstreckender Brückenaufbau ist in Bild 5.1.7 dargestellt. Um beim Manövrieren einen besseren Überblick zu haben, nimmt auch hier das Kartenhaus nicht die ganze Breite ein.

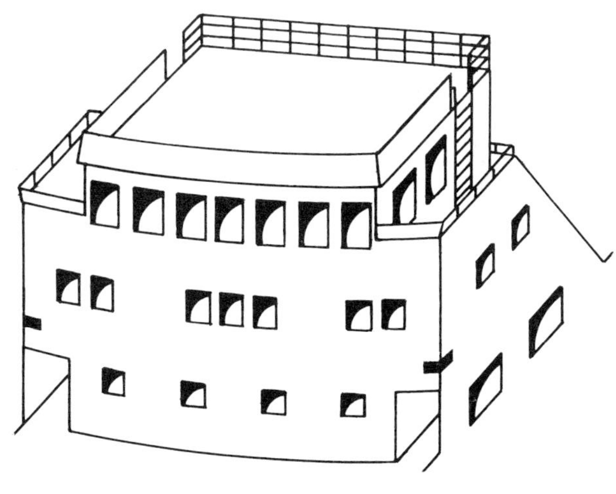

Bild 5.1.7 Konstruktion Brükkenaufbau

Wie ein Brückenaufbau bei einem Frachtschiff aussehen kann, geht aus Bild 5.1.8 hervor. Die Schwierigkeit beim Nachbau liegt jedoch weniger bei dem Aufbau als der Gestaltung der Ladeeinrichtung.

Bild 5.1.8 Brückenaufbau eines Frachtschiffes

Wesentlich unkomplizierter ist dagegen der Aufbau bei dem Fährschiff „Kronprins Harald" aus Bild 5.1.9.

Bild 5.1.9 Decksaufbau eines Fährschiffes

Die praktische Verwirklichung der Aufbauten bei dem vorderen Teil vom Fahrgastschiff „Regina Maris" bringt Bild 5.1.10. Eine nachträgliche „Verglasung" der Fensteröffnungen würde noch mehr zum vorteilhaften Aussehen des Modells beitragen.

Bild 5.1.10 Aufbauten eines Fahrgastschiffes

Einen Blick auf die einzelnen Decks und Rückseite eines Brückenaufbaues vermittelt Bild 5.1.11. Links und rechts im Bild die Schornsteinverkleidungen, dazwischen ein Deck mit Rohrmast und Signaleinrichtungen.

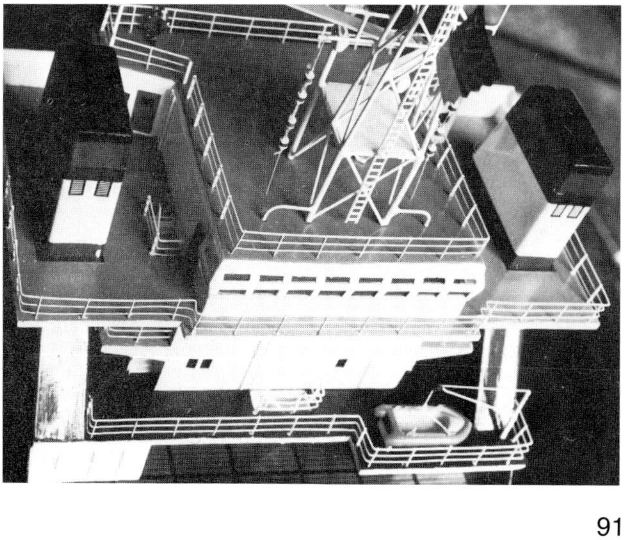

Bild 5.1.11 Anordnung eines Brückenaufbaues

Der am Heck befindliche Brückenaufbau aus Bild 5.1.12 wäre für sich alleine als Nachbau nicht allzu schwierig. Da aber zum vollständig ausgerüsteten Schiffsmodell noch eine große Anzahl von Einzelteilen gehört, dürfte dieses Schiff kaum zum Nachbau anregen. Die Aufnahme zeigt jedoch die Grenzen auf, die nun einmal dem privaten Modellbauer gesetzt sind. Andererseits muß eingeschränkt werden, daß es einige ganz wenige Modellbauer geben wird, die, gestützt auf entsprechende Bauunterlagen und hundert oder mehr Farbfotos an eine solche langwierige Aufgabe herangehen.

Bild 5.1.12 Achterer Decksaufbau

Die Schwierigkeiten bei der Detailierung eines Schiffmodells nehmen in dem Maße ab, wie die Verkleinerung des großen Vorbildes geringer wird. Bild 5.1.13 bringt ebenfalls einen am Heck befindlichen Brückenaufbau in Ansicht von hinten. Bei einem Baumaßstab von 1:25 ist die Zahl der Ausrüstungsteile bei einem Versorger nicht nur wesentlich kleiner, sondern sind, bedingt durch ihre größeren Abmessungen, auch leichter anzufertigen. Wie sich das bei diesem Modell auswirkt, macht besonders der Kran in der rechten Bildhälfte deutlich, der viel einfacher ist als das Ladegeschirr aus dem vorstehenden Bild. Trotzdem bleibt für den Modellbauer noch reichlich Gelegenheit für die Ausgestaltung. Da waren die einzelnen Decks mit den Räumen zu gestalten, sie mit Reling, Treppen und Leitern auszurüsten sowie Rettungsringe, Rettungsinseln und Rettungsboot mit Davits vorzusehen. So entstand ein im ganzen recht ansprechendes Modell.

Bild 5.1.13 Heckaufbau eines Versorgers

Mit am leichtesten zu erstellen sind die Aufbauten der Fahrgastschiffe von Rhein und Mosel, die fast die gesamte Schiffslänge einnehmen. Dazu kommen auf dem obersten Deck Ruderhaus, Schornstein und mehrere Bankreihen für die Passagiere. Bild 5.1.14 zeigt das Rhein-Fahrgast-Motorschiff „Hessen“. Wenngleich es auch attraktivere Vorbilder gibt, so ist ein Nachbau wegen seiner Einfachheit besonders gut für den Beginner geeignet und stellt außerdem ein kaum gefahrenes Modell dar.

Bild 5.1.14 Geschlossener Aufbau eines Passagier-Flußschiffes

5.2 Fenster und Türen

Fenster auf Booten und Schiffen sind wichtig für den Lichteinfall in geschlossene Räume und der Beobachtung außen ablaufender Vorgänge. Während aus Sicherheitsgründen unter Deck und bedingt auch auf dem Hauptdeck Bullaugen vorgeschrieben sind, werden die Fenster mit den höher gelegenen Decks vielfach größer. Für eine gute Rundumsicht sind daher die Fensterflächen beim Ruder- und Steuerhaus am größten. Ebenfalls große Fenster besitzen Flußschiffe wie der Mississippi-Dampfer aus Bild 5.2.1.

Bild 5.2.1 Mississippi-Dampfer mit großen Fenstern

Die Darstellung der Fenster hängt bei Schiffsmodellen in erster Linie von den dem Maßstab entsprechenden Größen ab. Während beim Maßstab 1:200 die Markierung der Fenster vielfach durch schwarze Farbe erfolgt, werden bei kleineren Maßstäben die Fensteröffnungen ausgesägt. In diesen Fällen werden die Fensterausschnitte mit transparenten Platten aus CAB-Kunststoff, Cellon, Celuloid oder PVC, in glasklar bzw. hellblau, hinterlegt. Eine Ausnahme ist lediglich bei den dampfbetriebenen Modellen zu machen, bei denen die Öffnungen für die erforderliche Luftzirkulation frei bleiben müssen. Bedingt freigehalten sollten bei wärmeabstrahlenden Einbauten, wie z.B. E-Motoren und Fahrtregler, einige in der Nähe dieser Teile befindlichen Öffnungen. Sehr exaktes Arbeiten erfordern die vielen kleinen Fenster und Bullaugen bei Fahrgastschiffen, wie beim Modell der „Europa“ in Bild 5.2.2.

Bild 5.2.2 Fahrgastschiffe mit besonders vielen Fenstern und Bullaugen

Fenster befinden sich nicht nur an den höher gelegenen Schiffsseitenwänden, sondern auch bei den Decksaufbauten. Bild 5.2.3 bringt eine Anordnung von Fenstern auf dem Bootsdeck eines Fahrgastschiffes. Unterhalb der Fenster sind Handläufe zum Festhalten bei Seegang angebracht. Um nicht dem Fahrtwind ausgesetzt zu sein, ist die Außentür im linken Bildteil nach innen versetzt angeordnet.

Bild 5.2.3 Fenster auf dem Bootsdeck eines Fahrgastschiffes

Gegenüber den Bullaugen und Fenstern ist die Zahl der Türen wesentlich geringer, die aber deshalb nicht unwichtiger sind. Für den Modellbauer sind nur die Außentüren von Interesse, die auf ein freies Deck führen. Während die Türen auf dem obersten durchlaufenden Deck wasserdicht schließen müssen, brauchen die Türen auf den darüber liegenden Decks nur spritzwasserdicht sein.

Außentüren sind nach außen klappend anzubringen, weil fast alle Türen dieser Art im Gefahrenfall als Fluchtweg genutzt werden. In Längsrichtung des Schiffes angeordnete Türen klappen nach vorne, in Querrichtung befindliche in Richtung Bordwand. Dadurch preßt der Druck von Fahrtwind und Seeschlag die Tür gegen den Rahmen und erhöht hierdurch die Dichtigkeit. Die Anordnung der vorschriftsmäßigen Klapprichtung geht aus Bild 5.2.4 hervor.

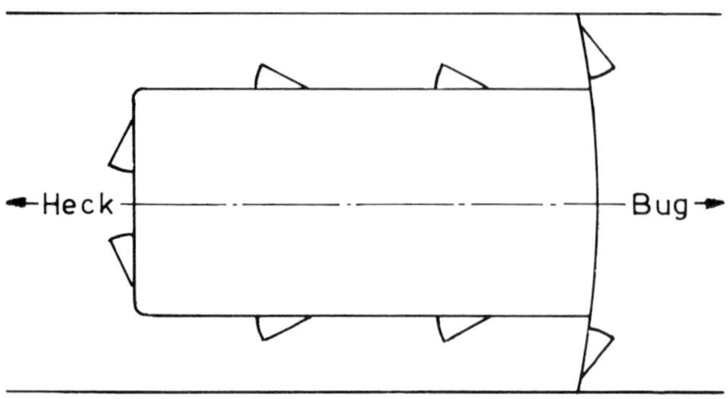

Bild 5.2.4 Klapprichtung von Außentüren

Die meisten Türen bestehen aus Stahlblech, das durch Abkanten der Ränder versteift wird. Im Bedarfsfall sind diese Türen mit einem Bullauge versehen. Bei spritzwasserdichten Türen erfolgt der Verschluß durch zwei Vorreiber. Bei wasserdichten Türen sind je nach Größe sechs bis acht Vorreiber auf dem gesamtem Umfang der Tür verteilt. Die Stahltüren gehen nicht bis auf den Boden. Hierdurch wird verhindert, daß überkommendes Wasser ins Schiffsinnere fließen kann. Die praktische Ausführung an Bord zeigt Bild 5.2.5.

Bild 5.2.5 Stahltür an Bord

Die Ausarbeitung der Türen am Modell wird weitgehend durch den Maßstab bestimmt. In Bild 5.2.6 sind nicht nur links- und rechtsschlagende Türen dargestellt, sondern auch solche ohne und mit Bullaugen. Darüber hinaus zeigen die in den Maßstäben 1:200, 1:100 und 1:50 wiedergegebenen Türen mögliche Formen und die modellmäßigen Abmessungen.

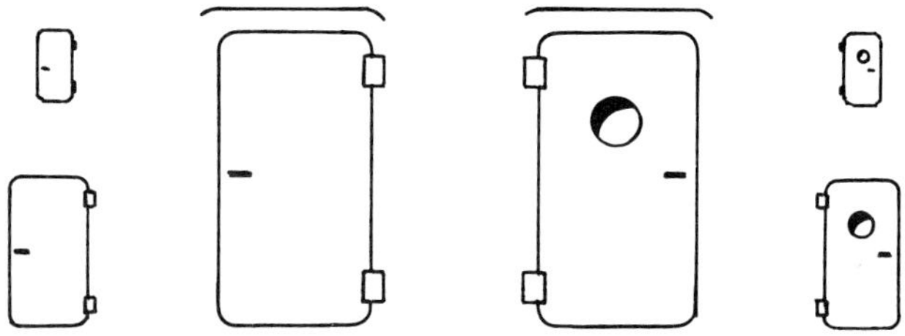

Bild 5.2.6 Form und Größe von Stahltüren im Maßstab 1:200, 1:100 und 1:50

Bei einer Tür im Maßstab 1:200 lassen sich Türgriff, Scharniere und Bullauge lediglich mit etwas Farbe andeuten. Günstiger sind die Voraussetzungen im Maßstab 1:100, bei dem die Fläche bereits viermal so groß ist. Hier lassen sich Scharniere und Türgriff immitieren sowie das Bullauge aussägen. Da die Türen etwas über die Bordwand hinausragen, können in beiden Fällen Holzfurniere in entsprechender Größe und Form ausgeschnitten und aufgeklebt werden. Noch mehr Möglichkeiten in bezug auf Detaillierung bietet der Maßstab 1:50. Mit etwas Geschick sind die Türen klappbar herzurichten.

Im Gegensatz zu den Stahltüren dürfen Außentüren aus Holz nur da eingebaut werden, wo keine spritzwasser- bzw. wasserdichten Türen vorgeschrieben sind. Ihren Platz finden sie deshalb nur im Bereich des Ruderhauses und auf dem Promenadendeck von Fahrgastschiffen. Die modellmäßige Ausführung hölzerner Türen zeigt Bild 5.2.7.

Bild 5.2.7 Modelltüren aus Holz (WEMO)

Als Zubehörteile werden mindestens 16 verschiedene Türen aus Plastik in weiß und mahagonifarben in den Größen 19 mm × 10 mm und 36 mm × 17 mm angeboten. Die Abmessungen dieser auch als Baukastenbeipack verwendeten Türen entsprechen in etwa den Maßstäben 1:75 und 1:40. Für den gerade Maßstäbe bevorzugenden Modellbauer bleibt somit nur der Eigenbau.

5.3 Treppen und Leitern

Treppen und Leitern dienen an Bord eines Schiffes dem sicheren und bequemen Verkehr zwischen den einzelnen Decks. Bei Erstellung der Außentreppen auf Schiffsmodellen geben die Sicherheitsbestimmungen wertvolle Hinweise auf ihre Abmessungen. Treppen sind möglichst längsschiff anzuordnen, da diese beim im Seegang schlingernden Schiff besser zu begehen sind. Eine lichte Breite von 60 cm soll nicht unterschritten werden. Bei mehr als drei Stufen ist auf mindestens einer Seite ein Geländer oder Handlauf vorzusehen. Sofern die Treppenbreite über 80 cm beträgt, muß an jeder Seite ein Geländer angeordnet sein, ab 1,8 m außerdem ein Mittelgeländer. Die Neigung der Treppen gegen die Waagerechte liegt bei 40° bis 60°. Während die Stufenhöhe bei Fahrgastschiffen 17 bis 18 cm beträgt, ist bei anderen Schiffen die Höhe bis 23 cm zulässig. Die Auftrittstiefe der Stufen ist mit ca. 16 bis 28 cm anzunehmen. Grundsätzlich kann davon ausgegangen werden, daß die Auftrittstiefe mit steigender Stufenhöhe geringer wird. Als Faustformel bei Haupttreppen gilt: Stufentiefe plus zweimal Stufenhöhe etwa 62 cm. Während die Treppen für Passagiere oftmals noch aus Holz bestehen, sind die von der Besatzung begangenen Treppen überwiegend aus Leichtmetall oder Stahl, bei Tankern nur aus Stahl.

Für Treppen, die weniger als 80 cm breit sind, ist nur auf einer Seite ein Geländer erforderlich. Ein Beispiel von einem Segelschulschiff zeigt Bild 5.3.1. Wie auf vielen Aufnahmen von großen Schiffen, sind auch neben der Treppe einige weitere Einzelheiten von Interesse. Zwischen der offenen stählernen Außentür und der Treppe befindet sich eine kleinere wasserdicht verschlossene Öffnung, hinter der ein kleiner Lagerraum ist. Etwas im Schatten am linken Bildrand ein Becken für noch seeungewohnte Kadetten.

Bild 5.3.1 Treppe mit einem Geländer

Treppen gibt es ohne und mit geschlossenen Stufen. Letztere haben den Vorteil, daß sie für die gleiche Belastung leichter gebaut werden können als Treppen mit offenen Stufen. Bild 5.3.2 bringt eine Treppe mit zwei Handläufen auf einem Fährschiff im Hamburger Hafen. Neben dem Rettungsring fällt die Hörnerklüse auf, die gleichzeitig zum Festmachen der Leinen dient.

Bild 5.3.2 Treppe mit geschlossenen Stufen und zwei Handläufen

Eine recht einfache, freistehende Treppe mit offenen Stufen, die auf das erhöhte Vordeck eines Seeschleppers führt, bringt Bild 5.3.3. Bei einer angenommenen Höhe um 2 m beträgt der Stufenabstand ca. 20 cm, von dem im Modellbau bei diesem Schiffstyp ausgegangen werden kann. Da das Vordeck nur von der Besatzung begangen wird, weist die Reling hier außer dem Handlauf lediglich einen Durchzug auf.

Die Treppe mit offenen Stufen eines Fahrgastschiffes ist in Bild 5.3.4 dargestellt. Während der linke Handlauf fest mit der Treppe verbunden ist, erfolgt die Anbringung des rechten Handlaufs direkt an der Seitenwand des Deckaufbaus. Zum sicheren Begehen durch die Passagiere ist die Stufenhöhe gegenüber der vorher gezeigten Treppe etwas geringer. Um ein Abrutschen zu verhindern, sind die einzelnen Stufen an den Kanten mit Trittleisten versehen.

Bild 5.3.3 Freistehende Treppe mit offenen Stufen

Bild 5.3.4 Einseitig am Decksaufbau befindliche Treppe

Wie eine Treppe mit offenen Stufen und zwei freistehenden Handläufen gebaut werden kann, geht aus Bild 5.3.5 hervor. Bei der auf ein höher liegendes Deck führenden Treppe gehen die beiden Handläufe ohne Unterbrechung in die beiderseitig angebrachte Reling über. Wenngleich bei diesem Beispiel die Stufen die ganze Tiefe der Seitenstege einnehmen, enden sie teilweise auch schon einige Zentimeter vor der vorderen Kante.

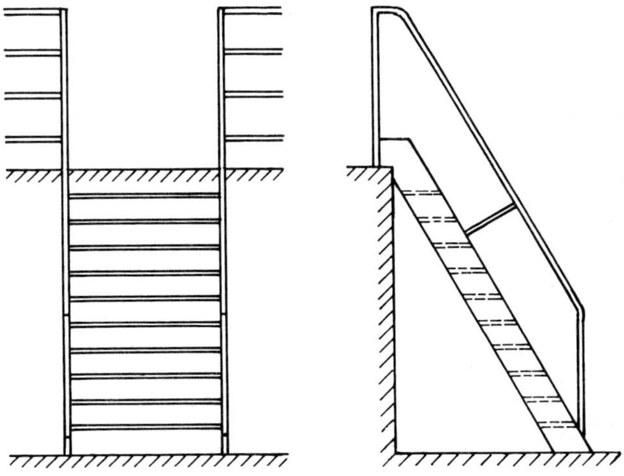

Bild 5.3.5 Bauvorschlag für Treppe mit offenen Stufen

In den meisten Fällen bestehen bei der Wahl der zum Bau von Schiffsmodellen verwendeten Materialien kaum Einschränkungen. Speziell bei den Aufbauten wird man jedoch bemüht sein, möglichst leichte Werkstoffe zu verwenden. Für die hier gezeigte Treppe bietet sich nach Holz auch Aluminiumblech an, das aber ca. 2.5 mal schwerer ist. Da sich Alu nicht mit den üblichen Methoden löten läßt, muß es geklebt werden. Eine Arbeit, die jedoch eine Vorrichtung zum Fixieren der Einzelteile während des Klebevorganges erfordert.

Am günstigsten dürfte die Verwendung von Flugzeug-Sperrholz sein, das es bereits in Stärken ab 0,4 mm gibt und für die Seitenstücke der Treppen in etwa dem Maßstab 1:100 entspricht. Bei kleineren Maßstäben ändert sich die Holzstärke entsprechend. Damit sich beim Verleimen die Teile nicht verschieben, werden die Seitenstücke an den betreffenden Stellen zur Aufnahme der Stufen leicht eingesägt. Die Geländer bestehen aus Messingdraht, der sich gut löten läßt. Die Form der einzelnen Teile geht aus Bild 5.3.6 hervor.

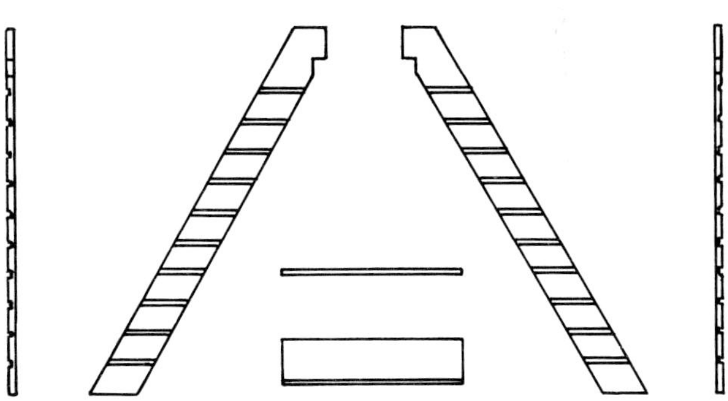

Bild 5.3.6 Einzelteile für Bau einer Treppe

Die Verwendung handelsüblicher Fertigteile erleichtert nicht nur die Arbeit am Modell, sondern verkürzt auch die hierfür aufzuwendende Zeit. Nach den Bildern der Treppen von möglichen Vorbildern, dürfte es für den einzelnen Modellbauer nicht schwierig sein, die richtige Wahl beim Kauf zu treffen. Die Anzahl der Stufen soll bei 10 bis 12 liegen. Bei einer Deckshöhe von gut 2 m und einer Mindestbreite von 60 cm muß das Länge/Breite-Verhältnis etwa 3,5 : 1 betragen. Danach wären die in Bild 5.3.7 gezeigten Treppen zu schmal und würden nur einer Originalbreite von etwa 45 cm entsprechen. Neben den Treppen gibt es im Schiffbau noch sogenannte Niedergänge, die ausschließlich von der Besatzung benutzt werden. Hierfür wären die gezeigten, 80 mm langen Treppen in Breiten von 15 und 20 mm für den Maßstab 1:25 geeignet.

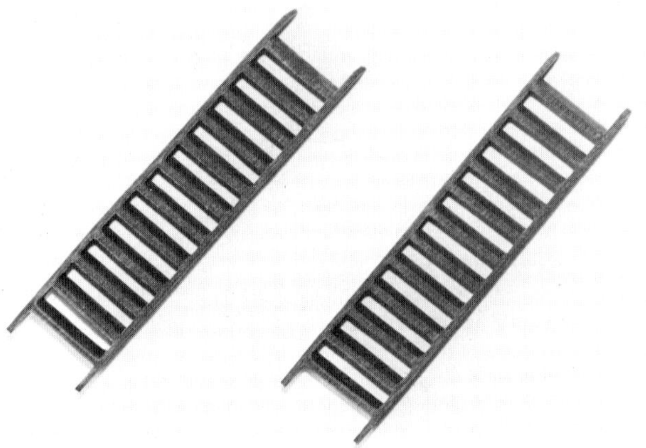

Bild 5.3.7 Niedergänge als Fertigteile

Aus dem großen Angebot einbaufähiger Treppen bringt Bild 5.3.8 zwei weitere Ausführungen mit 7 bzw. 9 Zwischenstufen. Größenmäßig entsprechen sie in etwa dem Maßstab 1:25. Alle vier Treppen sind noch mit den dem Vorbild entsprechenden Handläufen bzw. Geländern zu ergänzen.

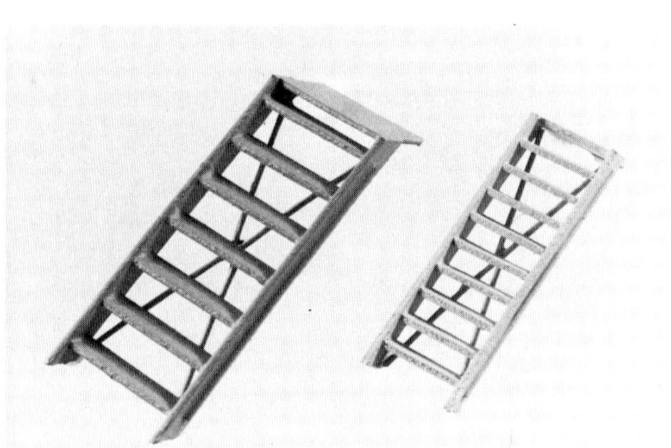

Bild 5.3.8 Treppen als Zubehörteile

Für von der Besatzung zu überwindende Höhenunterschiede sind oftmals ganz einfache Leitern vorgesehen, von den in Bild 5.3.9 drei Formen vorgestellt werden.

Während bei a) die Leiter eine Einheit bildet, werden bei b) U-förmig gebogene Bügel in die Seitenwand eingebracht. Unter c) befinden sich die Bügel an einem Mast für dessen Besteigung.

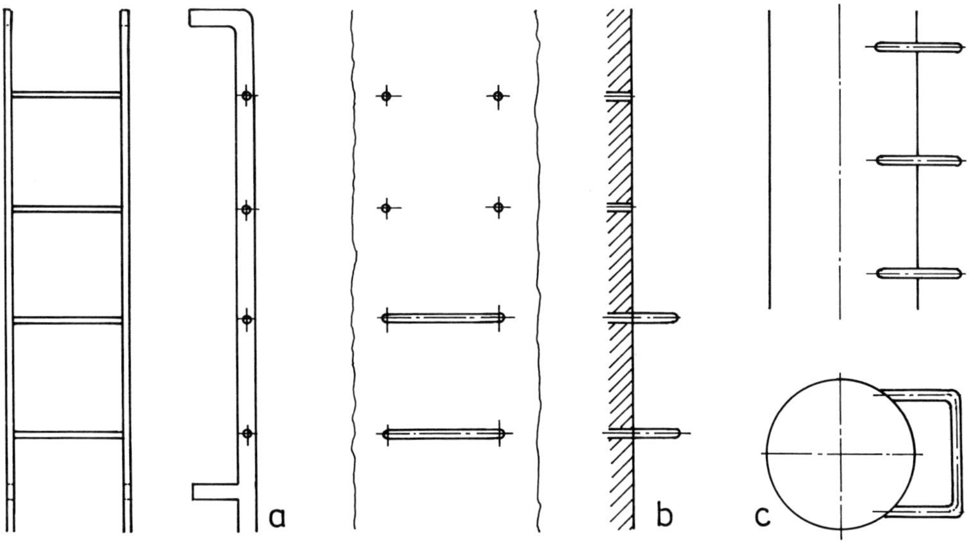

Bild 5.3.9 Steigleitern an der Wand und am Mast

Neben diesen schweren Leitern trifft man oft die leichteren Knüppel- oder Jakobsleitern an. Sie bestehen meistens aus zwei vierkardeligen Leinen, in die runde Sprossen gesteckt und mit Kreuzbändsel befestigt werden. Bild 5.3.10 bringt eine Teilansicht im Maßstab 1:10.

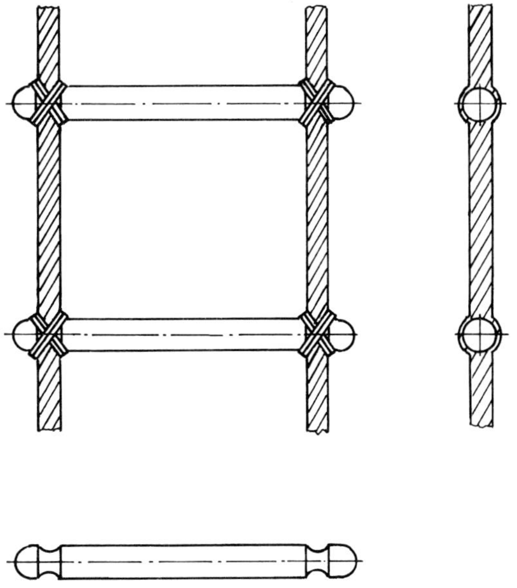

Bild 5.3.10 Knüppelleiter im Maßstab 1:10

5.4 Lüfter

Bullaugen und Fenster eines in Fahrt befindlichen Schiffes müssen wasserdicht verschlossen sein. Um die einzelnen Räume innerhalb des Rumpfes und der Aufbauten ausreichend mit Frischluft zu versorgen, werden Lüftungsanlagen vorgesehen. Durch sie wird die Luft über die auf dem Deck oder den Aufbauten befindlichen Lüfter ins Schiffsinnere geführt. Um diese Aufgabe zu erfüllen, waren die Lüfter in der Vergangenheit teilweise recht groß. In der Neuzeit haben die Lüfter wegen der begrenzten und witterungsabhängigen Wirkung an Bedeutung verloren. Für moderne Schiffstypen ist diese Belüftungsart heute vielfach nicht mehr ausreichend, so daß sie teilweise oder ganz durch eine Ventilatorlüftung ersetzt wurde. Oftmals werden Klimaanlagen eingebaut, mit denen die Luft nicht nur bewegt, sondern auch erwärmt, gekühlt bzw. ent- oder befeuchtet werden kann.

Für den Schiffsmodellbau sind diese technischen Lösungen ohne Bedeutung. Die hier verwendeten Lüfter dienen in erster Linie dem vorbildähnlichen Ausbau der Modelle. Hierzu brauchen sie nicht funktionsfähig zu sein. Nachdem jedoch der Anteil der dampfbetriebenen Modelle immer größer wird, lassen sich Lüfter vorteilhaft in die erforderliche Luftumwälzung einbeziehen. Gleichfalls geeignet sind Lüfter zur Reduzierung der Stauwärme, hervorgerufen durch E-Motoren und Fahrtregler. Für die praktische Verwirklichung bedeutet es, die aus Vollmaterial bestehenden Lüfter in Längsrichtung zu durchbohren.

Die Formen und Größen der eingesetzten Lüfter sind je nach Schiffstyp und Baujahr sehr unterschiedlich. Bei den Baukasten-Modellen werden die Lüfter entweder mitgeliefert oder sind im zusätzlich angebotenen Beschlagsatz enthalten, so daß sich für den Modellbauer keine Probleme ergeben. Wenngleich sich auch nach den meisten Bauplänen die Lüfter verhältnismäßig leicht erstellen lassen, sollen hier Formen, Funktionen und Anordnungen aufgezeigt werden. Vier dieser, auch auf vielen Schiffsmodellen befindlichen Lüfter, bringt Bild 5.4.1. Es sind bei a) Drucklüfter, b) Sauglüfter, c) Raumlüfter und d) Allwetterlüfterkopf.

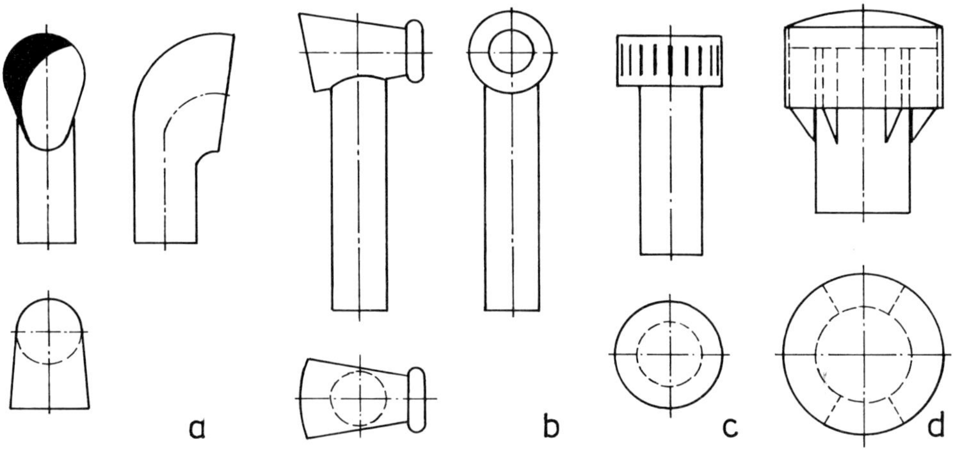

Bild 5.4.1 Bauformen von Lüftern

Drucklüfter, auch Windhutzen genannt, werden zur Belüftung mit ihren besonders geformten Öffnungen in Fahrtrichtung oder gegen den Wind gestellt. Während kleine Lüfter im allgemeinen den Fahrtwind ausnutzen, sind größere Lüfter zur optimalen Ausnutzung drehbar angebracht.

Sauglüfter besitzen zwei ungleich große Öffnungen und arbeiten nach dem Prinzip des Ejektors. Die größte Wirkung wird dann erzielt, wenn die kleinere Öffnung dem Wind zugewandt ist. In einer Düse wird der Luftstrom beschleunigt. Der am Düsenende entstehende Unterdruck saugt die im Lüfterrohr befindliche Luft ab.

In Bild 5.4.2 ist bei a) die Funktion eines Drucklüfters und bei b) die eines Sauglüfters dargestellt. Durch eine Kombination beider Typen lassen sich auch im Schiffsmodell Be- und Entlüftungsprobleme lösen.

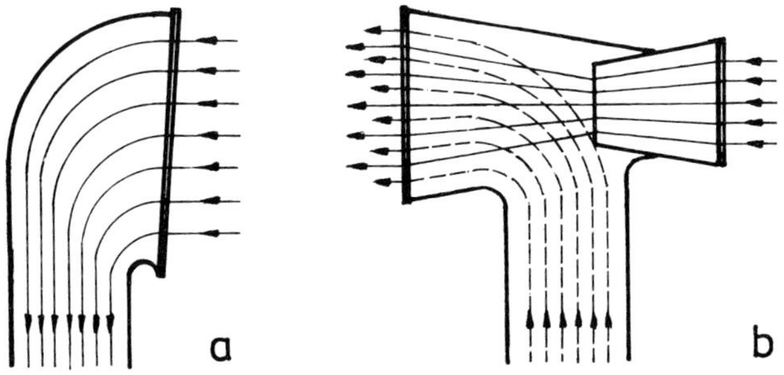

Bild 5.4.2 Funktion von Druck- und Sauglüfter

Für die Entlüftung der in den Aufbauten befindlichen Räume dienen unter anderen Pilzkopflüfter. Das Prinzip dieser mit einer inneren Abdeckklappe versehenen Lüfter beruht auf dem Auftrieb der erwärmten Luft. Daneben werden im modernen Schiffbau die Lüftungsschächte durch die Lademasten geführt, die in ihrem oberen Ende mit Lüfterköpfen zur zwangsläufigen Belüftung versehen sind. Die modellmäßigen Ausführungen von drei Lüfterarten aus Beschlagteilsätzen in den Größen 35, 50 und 60 mm bringt Bild 5.4.3.

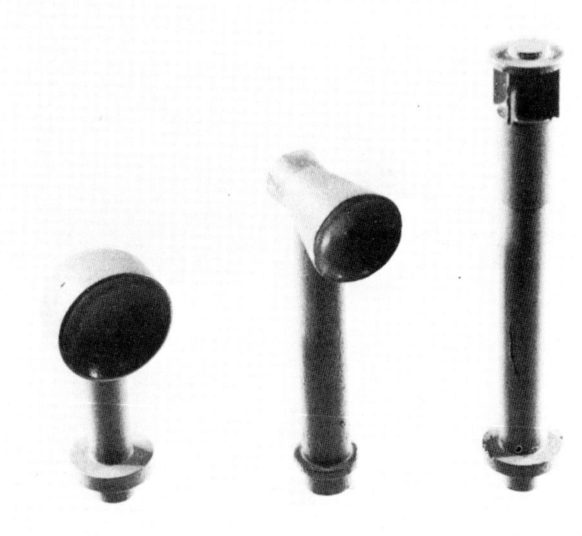

Bild 5.4.3 Lüfter im Modellbau (Steingraeber)

Die Vorbilder für den Nachbau von Schiffsmodellen umfassen einen großen Zeitraum. Da während dieser Zeit auch die Lüfterformen einem steten Wechsel unterworfen waren, sind ihre Nachbildungen sehr unterschiedlich. besonders Anfang dieses Jahrhunderts wurden recht große Lüfter gebaut. Zur optimalen Belüftung waren sie drehbar ausgeführt. Zwei dieser Lüftertypen zeigt Bild 5.4.4. Während der Lüfter bei a) im Sockel gedreht wurde, erfolgte die Verstellung des zweiten Lüfters bei b) durch einen von Hand zu betätigenden Zahnradtrieb.

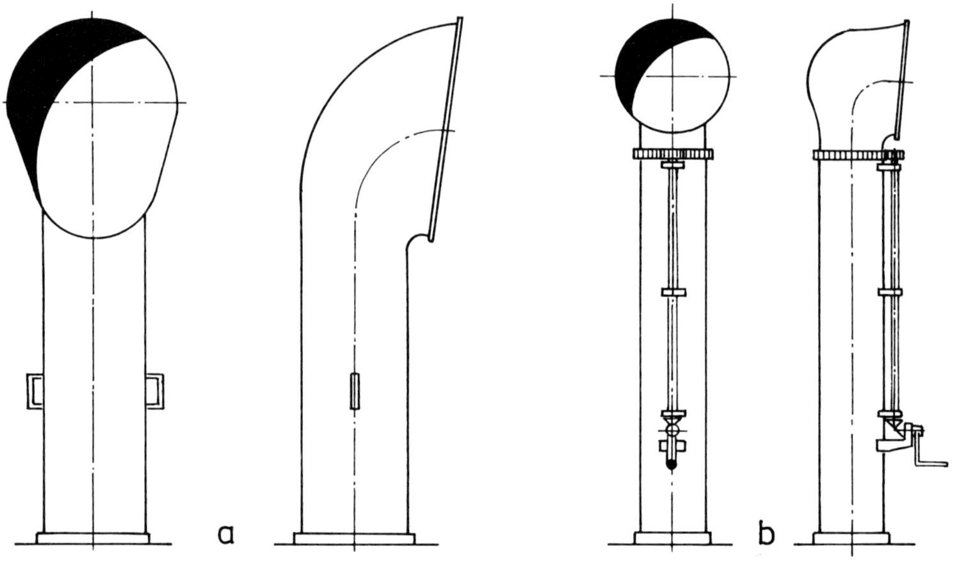

Bild 5.4.4 Drehbar gelagerte Drucklüfter

Wie die Lüfter im Jahr 1868 ausgesehen haben, vermittelt Bild 5.4.5 vom gepanzerten Rammtorschiff, 2. Klasse der Niederländisch-Königlichen Marine, „Buffel“, einem jetzigen Museumsschiff in Rotterdam.

Bild 5.4.5 Lüfter auf einem gepanzerten Rammtorschiff

Genau wie in der Großschiffahrt lassen lassen sich Lüfter auch im Modellbau funktionsfähig einsetzen. Gedacht ist hier besonders an die Frischluftzufuhr für die Brenner der Dampfkessel und Ableitung von Stauwärme hochbelasteter E-Motoren.

Das Angebot an Lüftern umfaßt einen umfangreichen Zeitraum. Je zwei moderne Kunststoff-Drucklüfter in den Größen 33 und 21 mm bringt Bild 5.4.6.

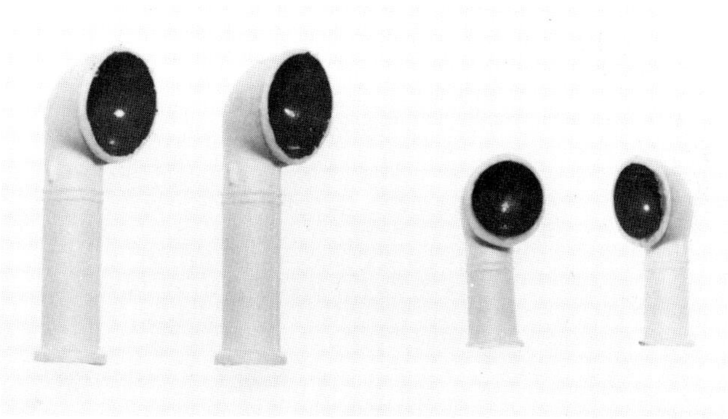

Bild 5.4.6 Drucklüfter als Zubehörteile (Simprop)

Die Ausarbeitung der gewölbten Blechteile der traditionellen Drucklüfter bereiten nicht nur den Modellbauern, sondern auch im Großschiffbau Schwierigkeiten. So ist man teilweise zu einer rechteckigen Form übergangen. Lediglich ein kurzes Übergangsstück stellt die Verbindung vom runden zum trapezförmigen Querschnitt her. Für den vorbildähnlichen Modellbau kommen die in Bild 5.4.7 gezeigten Formen nur dann in Betracht, wenn auch das Original mit diesen Lüftern ausgerüstet ist.

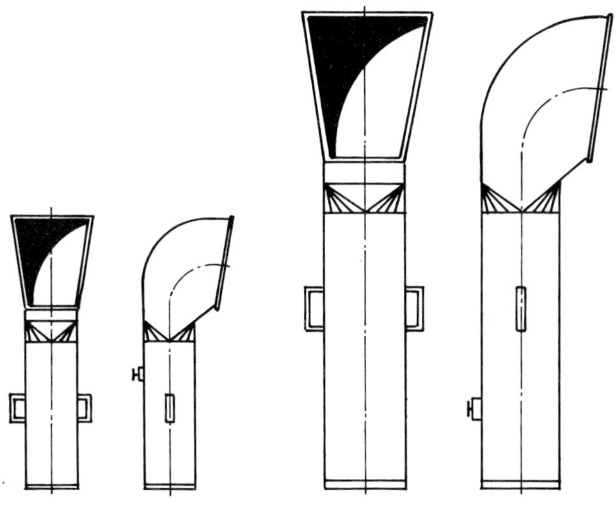

Bild 5.4.7 Form moderner Drucklüfter

Die jeweilige Aufstellung der Lüfter geht aus den Bauvorlagen hervor. Wie diese Anordnung bei einem Baukastenmodell aussehen kann, zeigt Bild 5.4.8. Jedoch sollten die Lüfteröffnungen statt nach hinten, nach vorne zeigen, um den Fahrtwind auszunutzen. Oftmals sind es Kleinigkeiten, auf die zu achten sind.

Bild 5.4.8 Zweifelhafte Lüfterstellung

Die für die Jahrhundertwende typische Ausrüstung mit Lüftern bringt Bild 5.4.9 am Beispiel des Modells der niederländischen Staatsyacht „Fazant». Daneben vermittelt die Aufnahme weitere Einzelheiten bei den Aufbauten der damaligen Zeit.

Bild 5.4.9 Lüfterausrüstung einer niederländischen Staatsjacht

Funktion, Form und Anordnung der Lüfter werden weitgehend durch die zu stellenden Anforderungen bestimmt. So bewirken Schwanenhalslüfter den Luftausgleich in Tanks. Das Füllen und Entleeren der Behälter ist nur dann möglich, wenn die Luft entweichen oder nachströmen kann. Zum Schutz gegen das Eindringen von Wasser werden die oberen Enden mit Klappschraube und Flügelmutter verschlossen. Bei Öltanks ist eine zusätzliche Flammrückschlagsicherung erforderlich. Die Konstruktion eines Schwanenhalslüfters geht aus Bild 5.4.10 hervor.

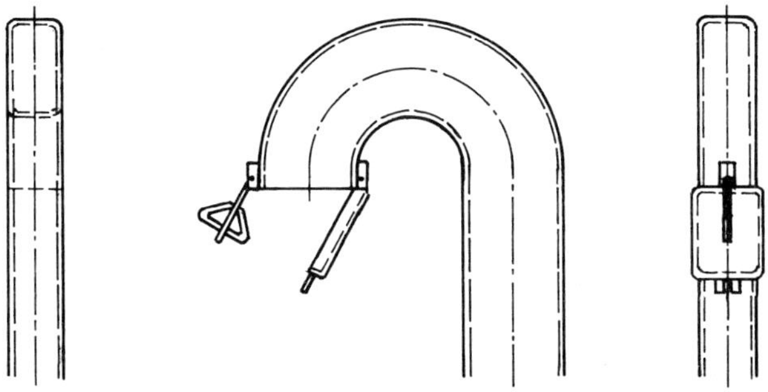

Bild 5.4.10 Konstruktion Schwanenhalslüfter

Nach den recht ausführlichen Betrachtungen über Lüfter und deren Ausführungen im Wandel der Zeit, erfordern auch heute spezielle Schiffstypen neue Lüfterformen. Bild 5.4.11 zeigt das Deck eines Flüssiggas-Tankers mit vier, ungewöhnlich großen Lüftern, die entsprechend ihrer Aufgaben in zwei Typen unterteilt sind.

Bild 5.4.11 Lüfter auf einem Flüssiggas-Tanker

6. Rettungsmittel

Bei Havarien von Schiffen steht die Rettung von Menschenleben an erster Stelle. Die hierfür erforderlichen Vorschriften sind gesetzlich festgelegt und werden bestimmt durch Schiffstyp, Größe und Fahrtbereich. Die Rettungsmittel lassen sich in individuelle, zu denen Rettungswesten und -kragen sowie Rettungsringe gehören, und Gruppen-Rettungsmittel einteilen. Zu letzteren zählen feste und aufblasbare Rettungsflöße sowie Rettungsboote.

Mit Rettungswesten werden alle Rettungsmittel bezeichnet, mit denen ein Mensch, auch bei Bewußtlosigkeit, beliebig lange über Wasser gehalten werden kann. Die ursprüngliche Westenform wurde jedoch weitgehend durch einen Rettungskragen mit einer Mindesttragfähigkeit von 16 kg ersetzt. Er besteht aus einer Gewebehülle mit Schaumstoffüllung und hält Brust, Hals und Kopf eines Menschen über Wasser. Obwohl für jede an Bord befindliche Person eine jederzeit greifbare Rettungsweste mitgeführt werden muß, hat sie für den Modellbau keine Bedeutung. Es sei, man wollte die üblichen Sonderfunktionen durch die Variante „Mann über Bord“ erweitern.

Eine einfache, aber wichtige Rettungseinrichtung an Bord eines Schiffes sind die Rettungsringe. Von ihnen muß sich mindestens einer auf jeder Seite des Ruderhauses oder der Brücke, ein weiterer in der Nähe des Hecks befinden. Je nach Schiffsgröße sind weitere Rettungsringe vorgeschrieben. Außerdem muß jeder zweite Ring mit einem selbständig aufleuchtenden Licht ausgerüstet sein. Ebenfalls soll sich an jeder Schiffsseite ein Ring mit einer 27 m langen Leine befinden. Die Rettungsringe sind so aufzuhängen, daß sie jederzeit schnell losgeworfen werden können. Keinesfalls dürfen sie eine Vorrichtung für eine ständige Befestigung aufweisen. Auf jedem Rettungsring muß nicht nur der Hersteller, das Kontrollzeichen der Klassifikation und die Abnahmenummer, sondern auch der Name und der Heimathafen des Schiffes angegeben sein.

Die im Handel angebotenen Modell-Rettungsringe sind wie die Originale im allgemeinen recht farbenfroh, entsprechen aber nur bedingt einem geraden Maßstab. Sie sind in erster Linie für Motoryachten geeignet. Diejenigen, die Fertigteile verwenden möchten, können von einem Originaldurchmesser um 700 mm ausgehen. Für den Eigenbau bieten sich neben Gardinenstangenringen Kunststoff-Unterlegscheiben an. Letztere müssen an den Kanten abgerundet werden. Um eine Vorstellung von der Modellgröße zu geben, zeigt Bild 6.1 von links nach rechts je einen Rettungsring im Maßstab 1:25, 1:50 und 1:100.

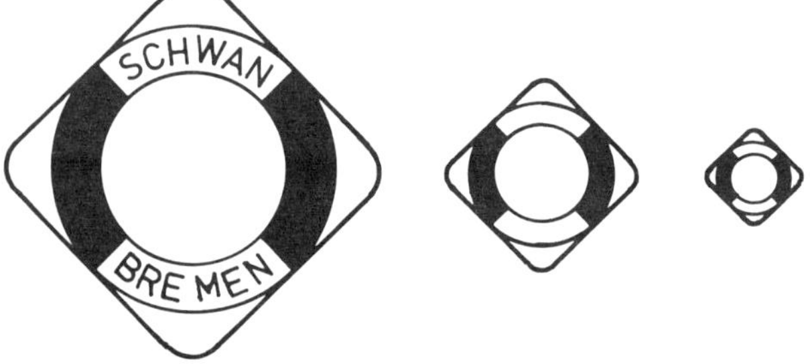

Bild 6.1 Rettungsringe in den Maßstäben 1:25, 1:50 und 1:100

Für ein schnelles Überbordwerfen der Rettungsringe müssen diese entsprechend gelagert werden. Ihre Aufhängung erfolgt überwiegend an einer Wand oder Reling. Anordnungen hierfür im Maßstab 1:25 bringt Bild 6.2.

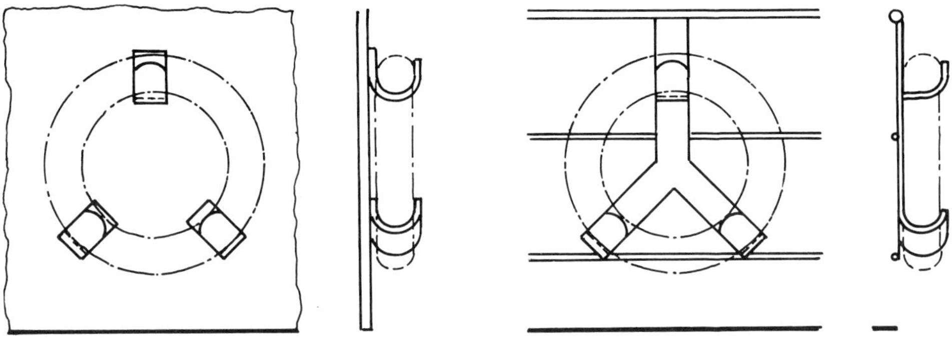

Bild 6.2 Halterungen der Rettungsringe

Die praktische Anordnung eines Rettungsringes in der üblichen Dreipunktaufhängung an der inneren Relingseite neben dem Brückenaufbau auf einem Schiff ist aus Bild 6.3 ersichtlich.

Bild 6.3 Anordnung eines Rettungsringes innerhalb der Reling

Für das Abbergen mehrerer an Bord befindlicher Personen haben sich die Rettungsflöße bewährt. Das Einsteigen der Schiffbrüchigen in die Flöße erfolgt aus dem Wasser heraus. Bei an Bord vorhandenem Platz werden die starren Rettungsflöße an Deck gelagert. Die Bauweise eines solchen, mit Paddeln ausgerüsteten Floßes geht aus Bild 6.4 hervor.

Raumsparende, aufblasbare Rettungsflöße werden als Rettungsinseln in Spezialverpackungen mitgeführt. Nach dem Auswerfen auf das Wasser blasen sich diese Flöße selbstätig auf. Die Tragfähigkeit beträgt im allgemeinen zwischen mindestens 6 und maximal 25 Personen. Bild 6.5 zeigt einige der aufblasbaren Rettungsflöße in ihren Verpackungen auf einer Abrollrampe.

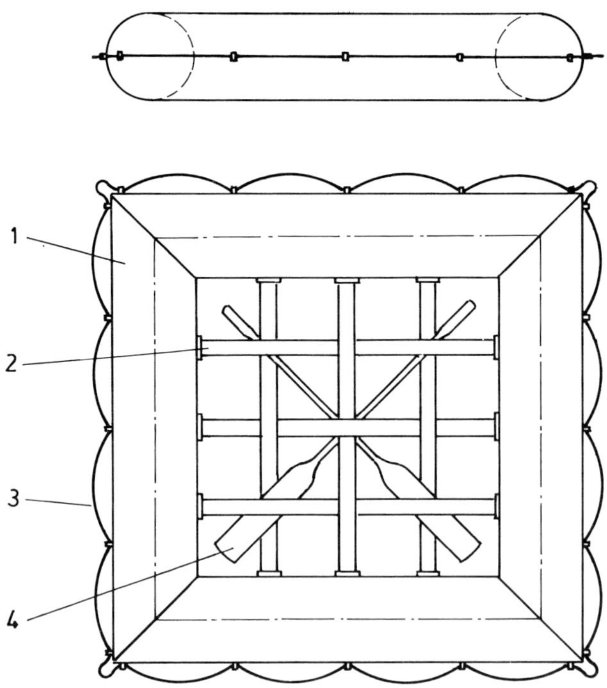

Bild 6.4 Rettungsfloß mit Paddel
1 – Schwimmkörper
2 – Spanngurte
3 – Haltetaue
4 – Paddel

Bild 6.5 Rettungsinseln auf der Ablauframpe

Bild 6.6 bringt nicht nur einen seitlich am Brückenaufbau aufgehängten Rettungsring mit Leine, sondern auch vier Rettungsinseln vor dem Ruderstand. Eine weitere Rettungsinsel ist auf dem Deck angebracht.

Bild 6.6 Aufstellung der Rettungsinseln an Deck

Für den Selbstbau ist in Bild 6.7 die Konstruktion des Gehäuses einer Rettungsinsel und seine Lagerung dargestellt. Je nach Maßstab 1:25, 1:50 oder 1:100 kommt als Material Rundholz von ca. 28, 14 oder 7 mm in Betracht. Sofern die Aufbauten besonders leicht sein müssen, sollte Balsaholz verwendet werden.

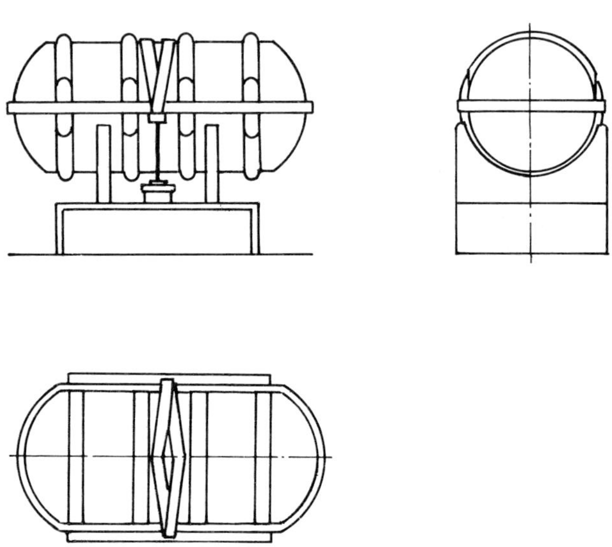

Bild 6.7 Rettungsinsel mit Lagerung

Aus dem Angebot der Modellbau-Zulieferer bringt Bild 6.8 zwei Attrappen der Rettungsinseln mit aufblasbaren Rettungsflößen. Bedingt durch die unterschiedliche Aufnahmefähigkeit der Originalinseln weichen Tragfähigkeit und Größe stark voneinander ab. Daher ist bei der Wahl dieser Zubehörteile unbedingt von den Abmessungen aus dem Bauplan auszugehen.

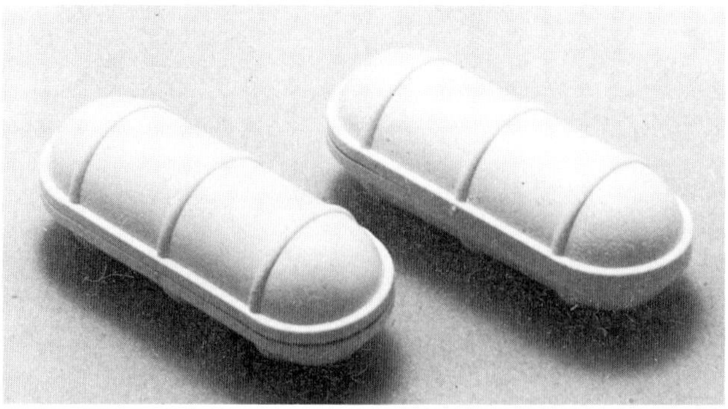

Bild 6.8 Zubehörteil Rettungsinsel

Während bei älteren Schiffen die Rettungsboote aus Holz waren, sind sie heute fast ausschließlich aus Leichtmetall oder Kunststoff. Für Tanker sind dagegen nur Boote aus Stahl oder Alu zugelassen. Daß die Boote auch noch nach dem Vollaufen mit Wasser als Rettungsmittel wirksam bleiben, sorgt die sogenannte innere Schwimmfähigkeit durch eingebaute Luftkästen. Je nach Aufnahmefähigkeit der Boote werden sie durch Ruder oder Dieselmotor angetrieben. Da Aufnahmen vom Original wesentlich mehr aussagen als Zeichnungen oder Modellfotos, erfolgt in Bild 6.9 die Wiedergabe eines Motor-Rettungsboot an Bord eines Schiffes. Eine gute Vorlage für den Selbstbau oder bei der Wahl von Fertigteilen.

Bild 6.9 Rettungsboot im Original an Bord

Zum Aussetzen und Anbordnehmen dienen Davits, deren Form und Funktion je nach Schiffstyp und Baujahr voneinander abweichen. Wenngleich diese Bootsmanöver auch nur von einer kleinen Anzahl Modellbauern ausgeführt werden, so dürften doch die sich hier ergebenen Möglichkeiten von Interesse sein. Bild 6.10 bringt vier der am häufigsten eingesetzten Davitformen.

Es stellen dar: a) Klappdavit, b) Spindeldavit, c) Schwerkraftdavit und d) Rollbahndavit. Hierbei sind im einzelnen: 1 – Rettungsboot in der Lagerung, 2 – Davit in Normalstellung, 3 – Davit ausgeschwenkt, 4 – Rettungsboot ausgeschwenkt und 5 – Rollen.

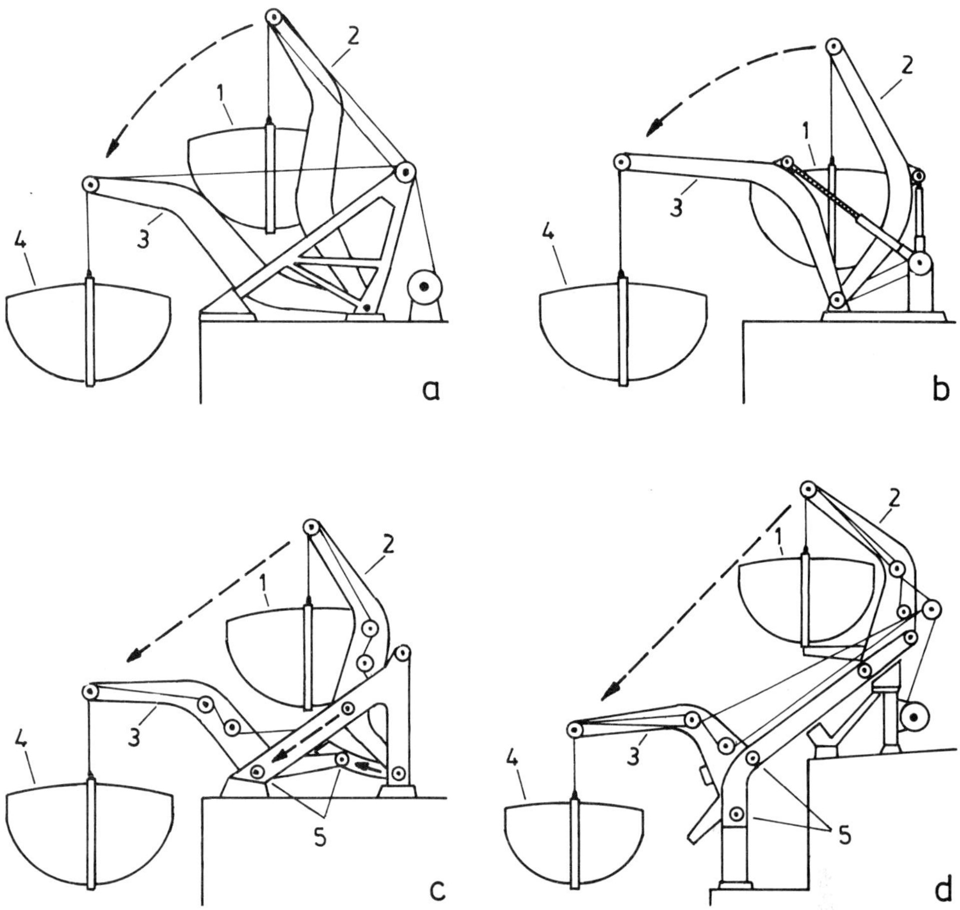

Bild 6.10 Aussetzvorrichtungen nach verschiedenen Methoden

Die vorstehenden Zeichnungen machen klar, wie schwierig ein vorbildlicher Nachbau im Modellbau sein kann. Tröstlich ist hierbei, daß Modelle mit vielen Rettungsbooten, z. B. Fahrgastschiffe, durchweg im Maßstab 1:200 gebaut, und vieles stilisiert werden kann. Bei Arbeitsbooten im Maßstab 1:25 fallen nur wenige Boote mit einfachen Aussetzvorrichtungen an.

Zwei Davits für die Aufhängung eines 78 mm langen, zweiteiligen Rettungsbootes aus Kunststoff bringt Bild 6.11. Sofern die Boote offen bleiben, sollte der Boden mit schmalen Furnierstreifen ausgelegt werden.

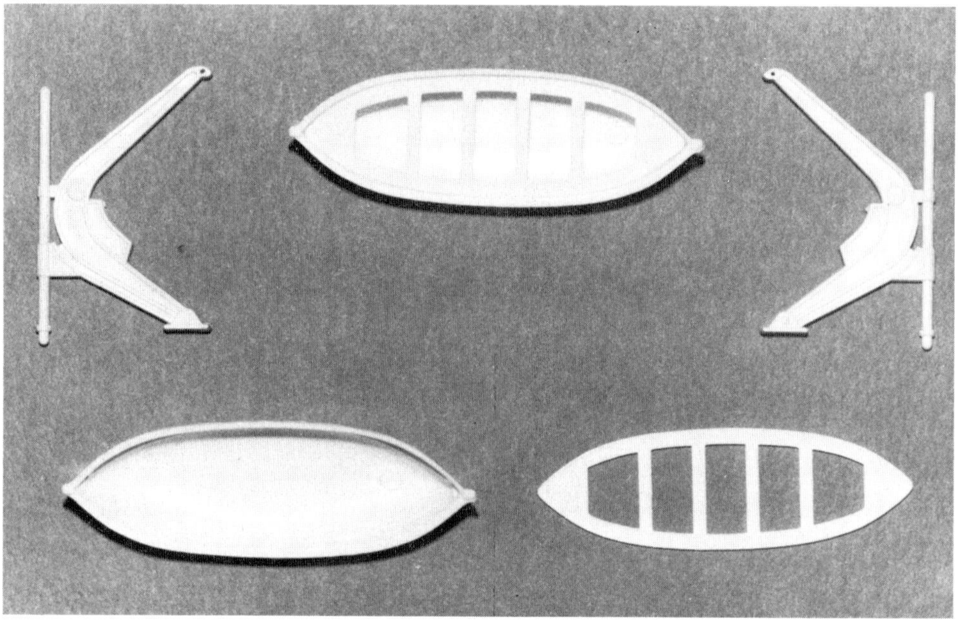

Bild 6.11 Rettungsboot und Davits als Zubehörteile (Simprop)

Die Davits aus Bild 6.12 sind 50 bzw. 70 mm hoch. Bei diesem geringen Größenabstand ist es schwierig, beide einem geraden Maßstab zuzuordnen.

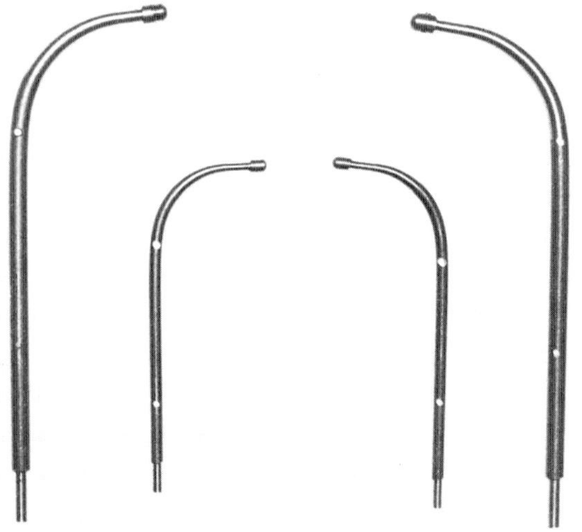

Bild 6.12 Drehdavits für Rettungsboote (Simprop)

Für einfache Modelle lassen sich Davits, wie in Bild 6.13 gezeigt, aus zwei Teilen zusammenbauen. Entsprechend starker Kupferdraht wird nach dem Ausglühen am oberen Ende flach geklopft und mit einer Öse versehen. Das untere Ende erhält zur Verstärkung eine Hülse, z. B. aus Messing. Die Blöcke dienen zur Anfertigung der Taljen zum Fieren und Hieven der Boote.

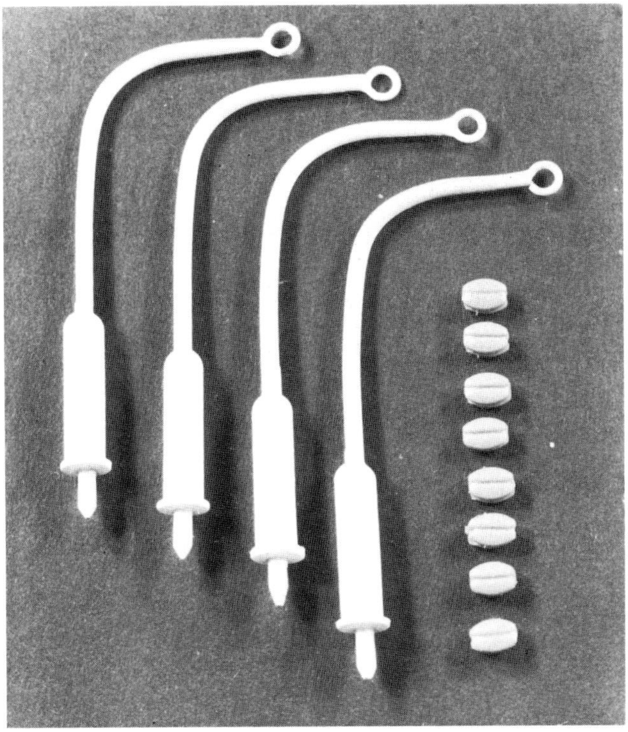

Bild 6.13 Davits und Blöcke

Eine recht einfache Davitanordnung für Handbetrieb aus Messing mit einer Breite von 70 mm zeigt Bild 6.14.

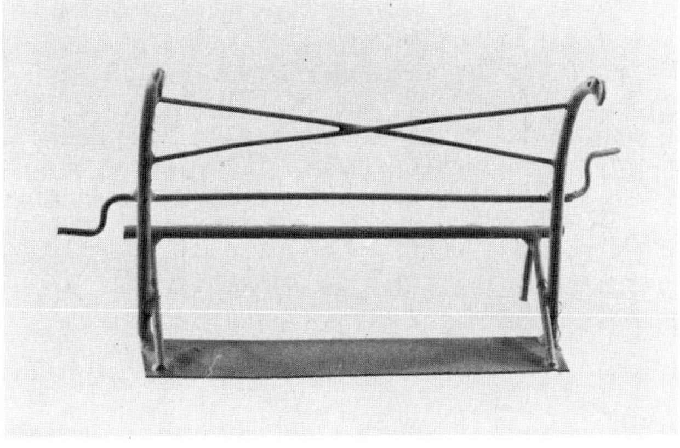

Bild 6.14 Einfacher Modell-Davit (Steingraeber)

Nach der Vorstellung einiger Modellausführungen soll eine Anregung für den Selbstbau nicht fehlen. Wichtig ist auch hier, daß die Form dem großen Vorbild entspricht.

Aus der Vielzahl der möglichen Konstruktionen bringt Bild 6.15 den Bauvorschlag für einen Schwenkdavit. Die Abmessungen sind dem Verkleinerungsmaßtstab anzupassen, woraus sich auch die Größe der Rettungsboote ergibt. Für die Anordnung der Seilführung geben die folgenden Bilder aus der Großschiffahrt Anregungen.

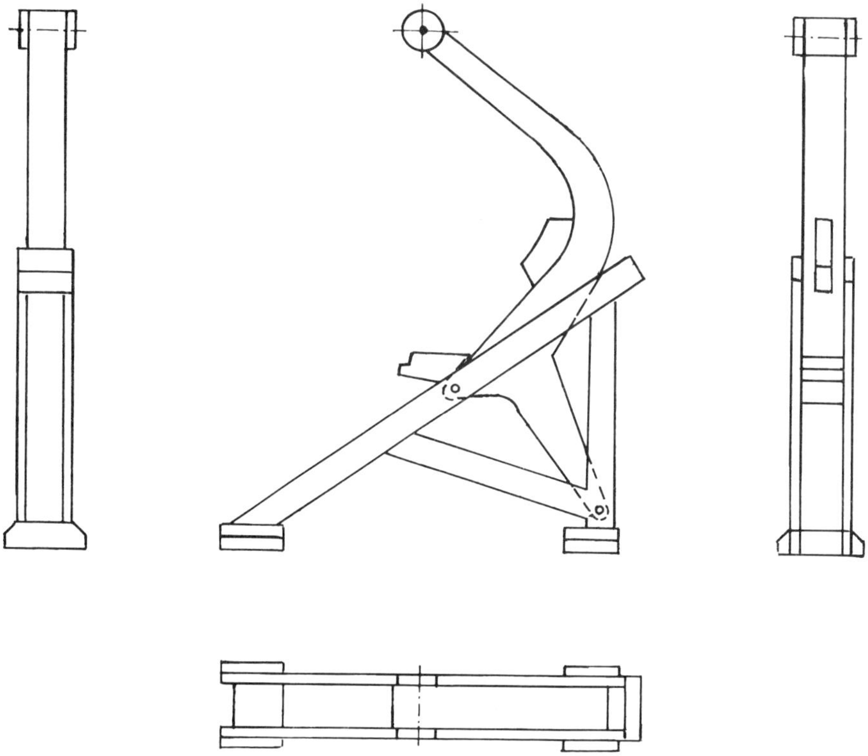

Bild 6.15 Konstruktionsvorschlag eines Davits

Die stetige Weiterentwicklung im Schiffbau hat auch bei den Rettungsbooten nicht Halt gemacht. Viele der neuen aus Kunststoff oder Aluminium bestehenden Boote besitzen einen geschlossenen Raum für Schiffbrüchige. Zur Ausrüstung der weitaus meisten Schiffsmodelle gehören jedoch weiter die offenen Rettungsboote. Die Bauzeichnungen eines 7 m-Motor-Rettungsbootes im Maßstab 1:50 sind in Bild 6.16 wiedergegeben. Da die Boote fast immer mit einer Persenning abgedeckt sind, kann die innere Ausarbeitung entfallen.

Bild 6.16 Konstruktionszeichnung eines Rettungsbootes ▶

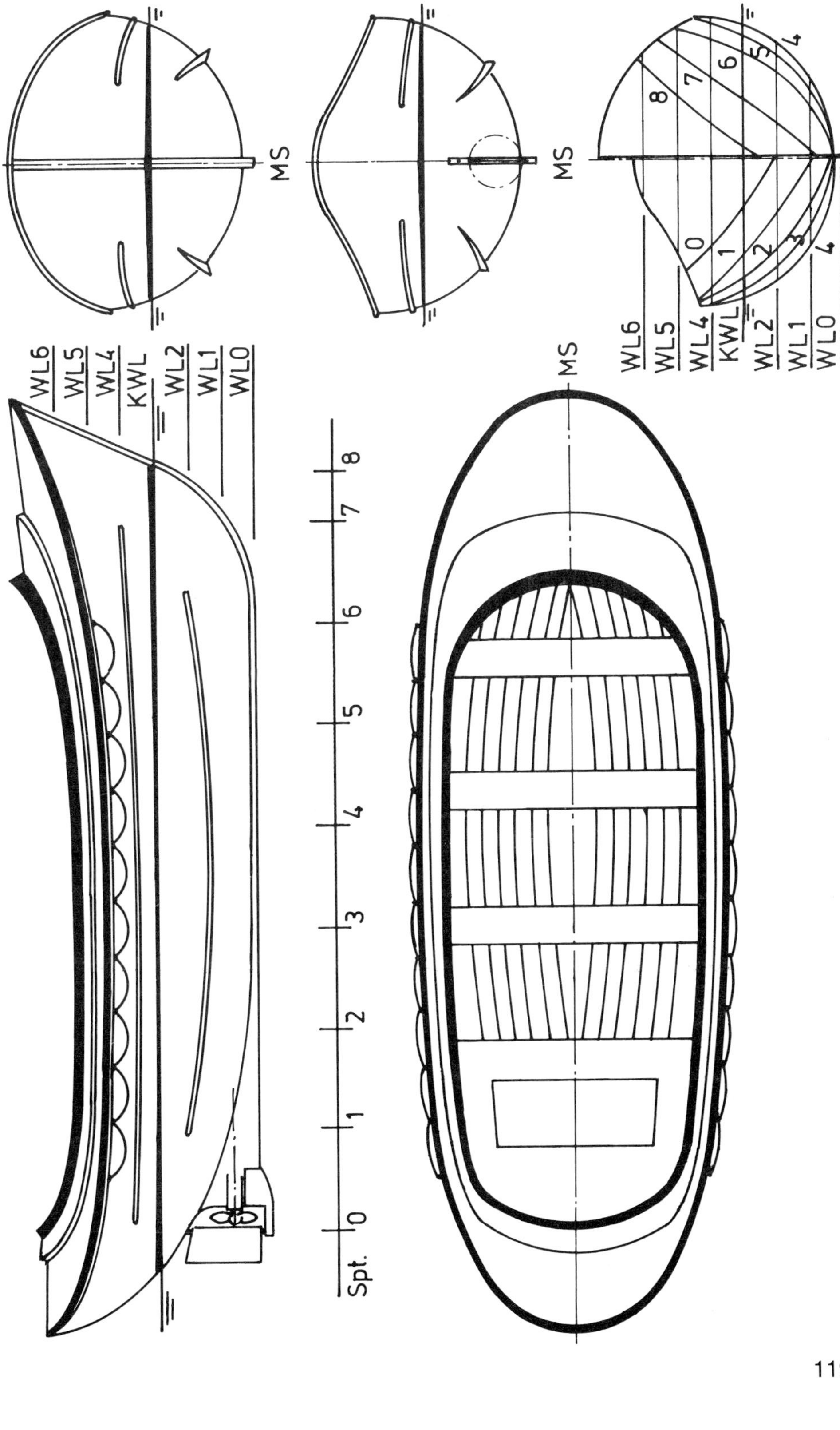

WL6
WL5
WL4
KWL
WL2
WL1
WL0
MS
MS
MS
Spt.
0
1
2
3
4
5
6
7
8

Bei großen Passagierschiffen befinden sich an beiden Seiten auf dem Bootsdeck eine größere Anzahl von Rettungsbooten mit den dazugehörenden Davits. Eine Vorstellung vermittelt Bild 6.17. Die Aufnahme, die bereits 1939 bei der Probefahrt der „Robert Ley“ entstand, läßt erkennen, daß sich in knapp einem halben Jahrhundert nicht allzuviel geändert hat. Die Modernisierung dürfte hauptsächlich die E-Motoren und erweiterte Sicherheitsvorrichtungen betreffen.

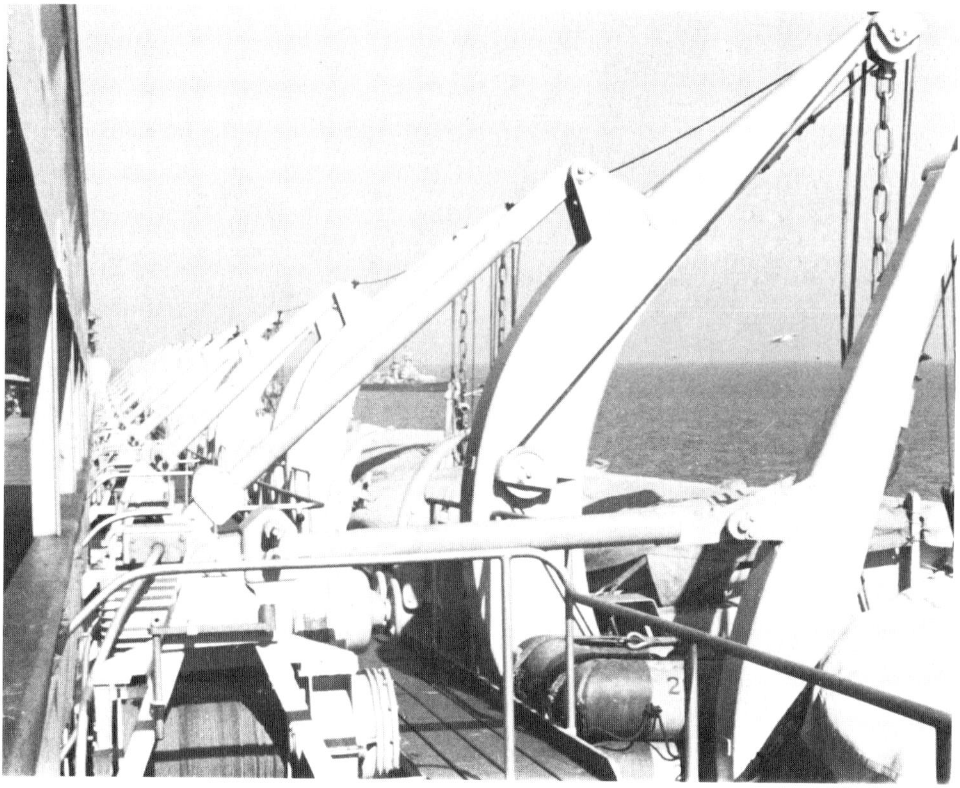

Bild 6.17 Davitreihe auf einem Passagierschiff

Von einem 1974 in England gebauten Kreuzfahrtschiff stammt die Aufnahme aus Bild 6.18. Sie vermittelt nicht nur eine Reihe Einzelheiten über Rettungsboote und Davits, sondern auch über bereits beschriebene Teile. Zu ihnen zählen Reling und hölzerner Fußbodenbelag sowie die im Bild oben rechts erkennbaren Gehäuse für aufblasbare Rettungsflöße auf einer schrägen Ablauframpe.

Deutlich im Bild zu erkennen ist die Seilführung zum Fieren und Hieven der Boote und die Aufhängung in Ketten. Ferner am linken Bildrand eines der Manntaue als Haltestütze beim Anbordgehen und an beiden Bordseiten angebrachte Leinen als Griff für im Wasser befindliche Schiffbrüchige.

Auf dem gleichen Schiff um ein Deck tiefer entstand die Aufnahme von Bild 6.19. Sie zeigt die in die Reling einbezogenen, bordseitig angeordneten Davitteile. Im Vordergrund links die Schaltgeräte für den Windenantrieb. Bei den in der Mitte des Bildes erkennbaren Windenaggregaten befindet sich an der Vorderseite die Seiltrommel, während der E-Motor auf der Rückseite seinen Platz hat.

Bild 6.18 Rettungsboote in der Aufhängung

Bild 6.19 Davitfuß mit Winde

Die Form der Windenanordnung bei den weiter vorne befindlichen Rettungsbooten weicht etwas von der aus Bild 6.19 ab, wie es Bild 6.20 zeigt. Deutlich zu erkennen der wassergeschützte E-Motor und die Seiltrommel.

Bild 6.20 Seilwinde für Rettungsboot

Die rückwärtige Ansicht der Windenvorrichtung geht aus Bild 6.21 hervor. Besonderer Hinweis nochmals auf die Reling, die aus Sicherheitsgründen nach innen eingezogen ist. Andererseits wird durch eine Ausbuchtung bis zur Bordwand für das Windenaggregat die Begehbarkeit nur wenig eingeschränkt.

Bild 6.21 Rückanschicht der Seilwinde

Bild 6.22 zeigt im Detail eine dem Flaschenzug ähnliche Vorrichtung zum Aussetzen des Rettungsbootes eines Schleppers. Bei den getrennt zu bedienenden Seilzügen ist darauf zu achten, daß das Boot während des ganzen Vorganges in der Waagerechten bleibt.

Bild 6.22 Talje für Rettungsboot

Abschließend in Bild 6.23 die Anordnung der Rettungsboote auf dem Modell eines älteren Fracht- und Passagierschiffes. Das Ausschwenken der Boote erfolgt über drehbar gelagerte Davits, die nacheinander zur Bootsmitte hin bewegt werden. Darüber hinaus erwähnenswert der damals übliche offene Ruderstand und die verhältnismäßig großen Lüfter.

Bild 6.23 Rettungsboote auf einem älteren Fracht- und Passagierschiff

7. Signal- und Ortseinrichtungen

7.1 Lichterführung

Nach der Wasserstraßenordnung muß jedes Schiff auf See und in den Fahrwassern am Tage bei schlechter Sicht infolge Nebel, Regen oder Schneefall sowie zwischen Sonnenuntergang und Sonnenaufgang Positions- und Signallichter führen. Bei Dunkelheit lassen sich aus der Stellung der Lampen zueinander, Standort, Fahrtrichtung sowie Typ und Größe von Schiffen erkennen. Dieses setzt andere Schiffe in die Lage, ihr eigenes Fahrverhalten danach einzurichten.

Zu den Positionslampen gehören neben den beiden Seitenlichtern das Topplicht und das Hecklicht. Ob ein Schiff mit einem oder zwei Topplichtern gefahren wird, hängt von der Länge des Fahrzeuges ab. Unter 45,75 m befindet sich ein weißes Topplicht nur am vorderen Mast, in 6 bis 12 m über Deck. Bei längeren Schiffen erhält auch der hintere Mast ein Topplicht, das jedoch mindestens 4,5 m höher angebracht ist. Beide Topplicht haben einen Öffnungswinkel von 225° nach vorne.

Das achteraus weiß strahlende Hecklicht bestreicht einen Sektor von 135°. So sind Topp- und Hecklicht rundherum erkennbar. Die Sichtweite soll mindestens 5 sm = 9,26 km betragen.

Die Farbe der Seitenlichter ist rot an Backbord (links) und an Steuerbord (rechts) grün. Sie strahlen jeweils an den Seiten über einen Winkel von 112,5° nach vorn. Ihre Mindestsichtweite liegt bei 2 sm = 3,7 km. Die Seitenlichter sind so gegeneinander abzuschirmen, daß sich nicht über den Bug hinweg von der anderen Seite gesehen werden können.

In Bild 7.1.1 bedeuten 1 – Vorderes Topplicht, 2 – hinteres Topplicht, 3 – Hecklicht und 4 – Seitenlichter.

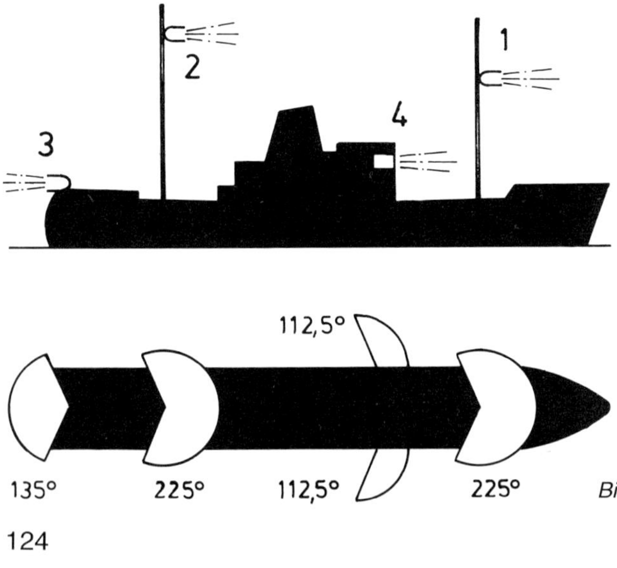

Bild 7.1.1 Lichterführung am Schiff

Besondere Vorschriften in bezug auf die Lichterführung betreffen Schleppzüge, Wegerechtschiffe, Kabel- und Tonnenleger, Vermessungsschiffe, fischende Fahrzeuge in und ohne Fahrt, Ankerlieger, Grundaufsitzer, manövrierbehinderte bzw. -unfähige Fahrzeuge, Segelschiffe, Polizei- und Lotsenboote. Von den aufgeführten Fahrzeugen dürften nur einige für den Modellbauer von Interesse sein.

Neben den rotgrünen Seitenlampen und dem Hecklicht führen Boote der Polizei ein blaues Flackerlicht mit darunter befindlicher weißer Topplampe. Ein Lotsenboot ist anstelle der beiden letztgenannten Lampen, von oben nach unten gesehen, mit je einer weißen und roten Topplampe ausgerüstet.

Bei einem Schleppzug bis 183 m Länge führt der Schlepper am Topp zwei, bei über 183 m dagegen drei übereinander befindliche weiße Lampen. Schlepper und jedes geschleppte Fahrzeug ist außer mit den Seitenlampen mit einem Hecklicht ausgerüstet.

Ein beliebter Modelltyp sind Tonnenleger, von dem Bild 7.1.2 im Maßstab 1:50 die Signalkörper- und Signallichterführung bei Tag bzw. Nacht bringt.

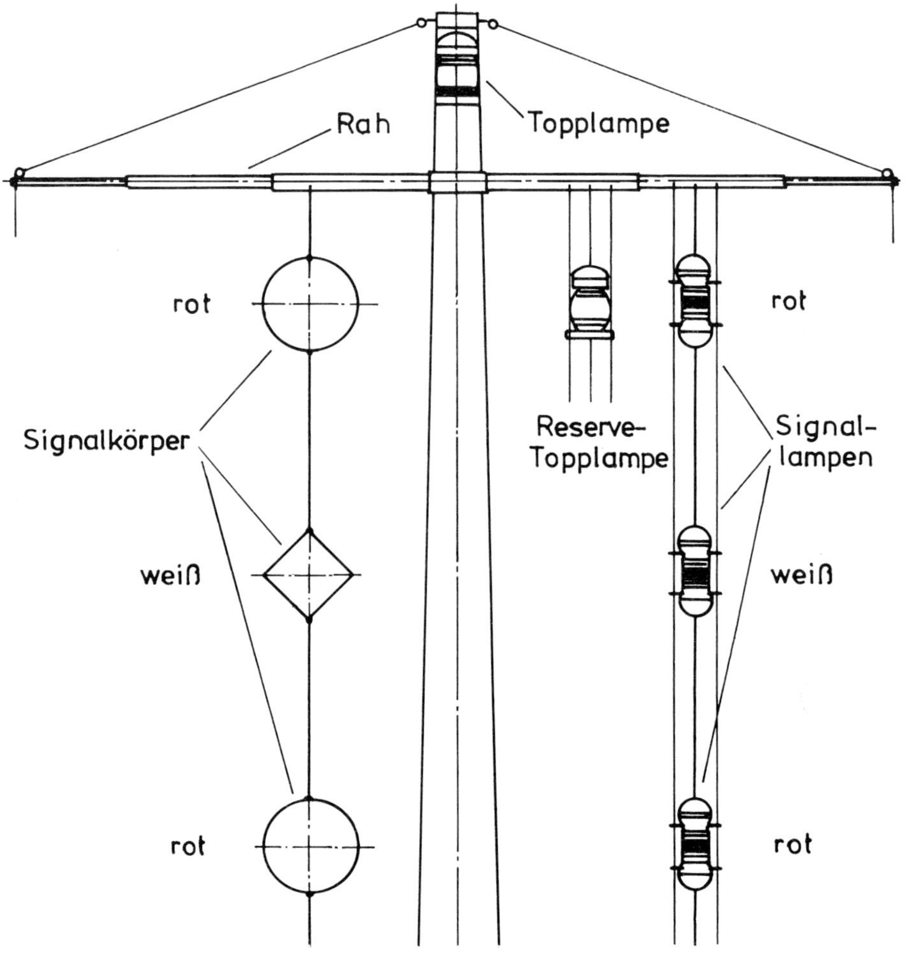

Bild 7.1.2 Signalkörper und Signallampen eines Tonnenlegers

Wie umfangreich die Ausrüstung an Signallampen sein kann, zeigt die Vorder- und Seitenansicht des Mastes vom Seetrecker „Rekum“ in Bild 7.1.3. Die Lichterführung richtet sich nach den für den jeweiligen Einsatz gültigen Vorschriften. Da mit dem Modell kaum Nachtfahrten unternommen werden, kann auf eine Funktion der Lampen verzichtet werden.

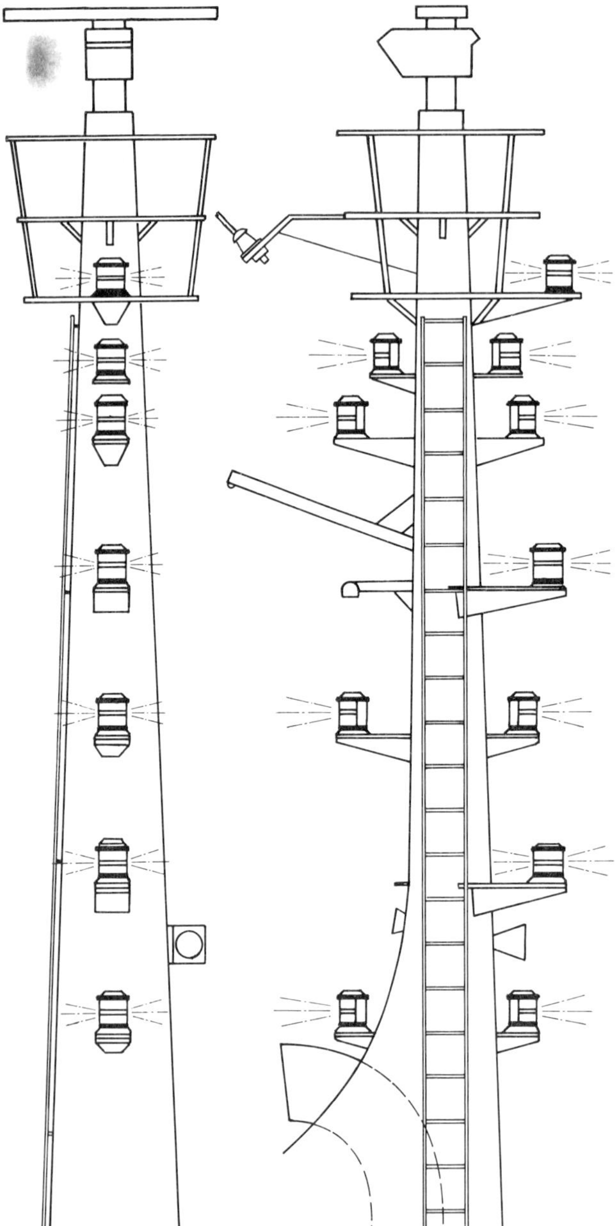

Bild 7.1.3 Anordnung der Lichter an einem Seetrecker

Wesentlich einfacher ist dagegen die Lichterführung auf einem kleinen Fahrgastschiff in der Küstenfahrt aus Bild 7.1.4.

Bild 7.1.4 Einfache Lichterführung am Vormast

Seitenlichter in den Größen 7 mm × 7 mm × 25 mm und 9 mm × 9 mm × 29 mm mit Miniatur-Lämpchen bringt Bild 7.1.5. Da in der Großschiffahrt die Lichter am Tage nicht in Betrieb sind und die Helligkeit am Modell gering ist, besteht keine unbedingte Notwendigkeit für eine Funktionsfähigkeit.

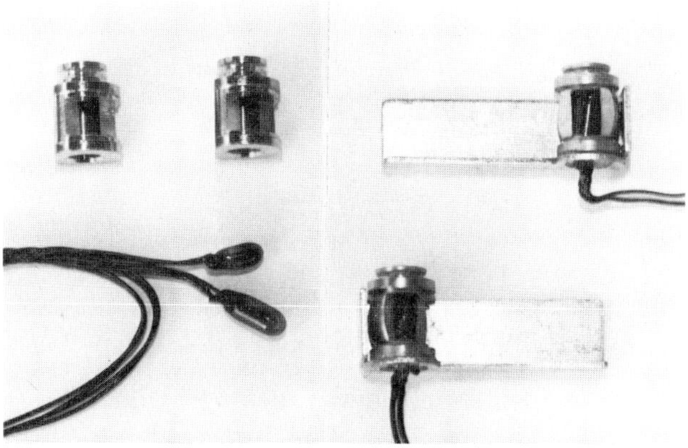

Bild 7.1.5 Funktionsfähige Seitenlichter (WEMO)

7.2 Flaggenanordnung

Nachdem es in der Vergangenheit vorübergehend unangebracht war, die Flaggen eines bestimmten Zeitabschnittes am Schiffsmodell zu führen, steht heute die Vorbildgetreue wieder im Vordergrund. Von der in Bild 7.2.1 gezeigten Anordnung kommen für den Modellbau in erster Linie vier Flaggen in Betracht, nämlich: A – am Heck geführte Nationalflagge, die bei Vorhandensein einer Gaffel auf See auf diese vorgeheißt wird. B – Reedereiflagge am Achtermast. C – am vorderen Mast die Flagge des Bestimmungslandes, bei Rückkehr in den Heimathafen Flagge des Abfahrtlandes. D – als Gösch am Bug die Flagge des Heimathafens, die im Hafen und auf Reede vor Anker liegende Schiffe gesetzt wird.

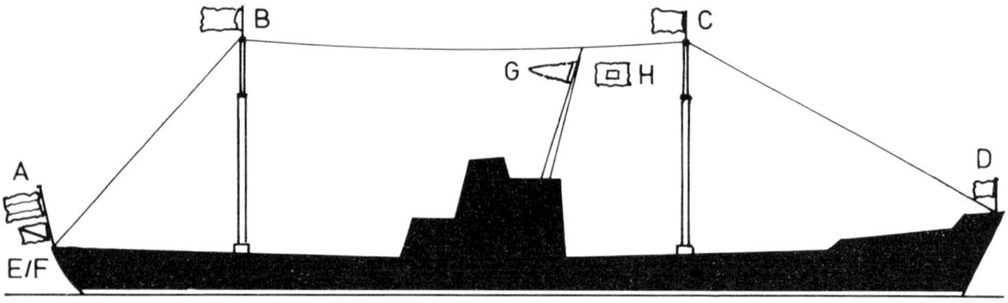

Bild 7.2.1 Anordnung der Beflaggung

Weitere Flaggen sind: E – Zollflagge (weiß/schwarz), die besagt, daß dieses Schiff nicht vom Zoll abgefertigt werden braucht, da sich ein aus Zolltreue vereidigter Lotse an Bord befindet. F – Strichflagge (weiß/schwarz), das Schiff muß noch zollamtlich abgefertigt werden. G1 – Schiffspostflagge 1936–1945, G2 – Postsignalflagge für Seeschiff seit 1951. Nur bedingt bei älteren Schiffen zu setzen, die zur Postbeförderung zugelassen waren und Post an Bord führten. H – „Blauer Peter" (weiß/blau) wird im Hafen gesetzt, wenn das Schiff innerhalb der nächsten 24 Stunden ausläuft. Eine Zusammenstellung der aufgeführten Flaggen bringt Bild 7.2.2.

Bild 7.2.2 Zusammenstellung von Flaggen

Der Vollständigkeit halber sei noch erwähnt, daß sich auf jedem Schiff mindestens eine Garnitur Signalflaggen und ein Signalbuch mit etwa 70 000 Flaggensprüchen befindet. Während es für jeden Buchstaben des Alphabetes eine Flagge gibt, werden Zahlen durch Wimpel ausgedrückt. Für den Modellbauer sind die Signalflaggen insofern von Interesse, als er mit ihnen bei besonderen Anlässen über die Toppen flaggen kann. Dann wird von Bug über die Toppen bis zum Heck ein Flaggenband mit allen Signal- und Landesflaggen gesetzt.

7.3 Akustische Signalgeber

Da funktionsfähige akustische Signalgeber in den Verkleinerungsmaßstäben der Schiffsmodelle nicht möglich sind, werden die Signale fast ausschließlich elektronisch erzeugt. Hierfür bietet der Zubehörhandel eine ganze Reihe entsprechender Signal-Systeme an, wie mehrere Sirenen, Dreiklang- und Martinshorn, verschiedene Diesel-Sound und Nebelhorn. Grundsätzlich läßt sich jedes Signal elektronisch erzeugen, jedoch steigt mit der Annäherung an den Originalton auch der technische Aufwand.

Die Signale werden über einen unter den Aufbauten versteckten Lautsprecher abgestrahlt. Hierbei genügt es keinesfalls, den Lautsprecher einfach in das Modell zu legen. Für einen optimalen Betrieb ist der Lautsprecher auf eine kleine Schallwand zu montieren, die hinter den offenen Fensterausschnitten angebracht wird. Bild 7.3.1 bringt hierzu einige Hinweise. Beim Betrieb ohne Schallwand beeinträchtigen sich die vorne und hinten austretenden Schallwellen gegenseitig (a). Für die Schallwand mit einem dem Membrandurchmesser angepaßten Kreisausschnitt genügt ca. 4-mm-Sperrholz (b). Bei dem Lautsprecher mit Schallwand strahlt der Ton nur vorzugsweise nach vorne ab (c).

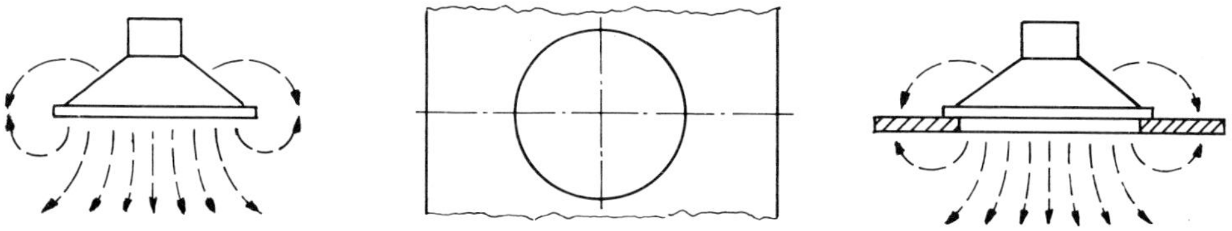

Bild 7.3.1 Lautsprecher ohne und mit Schallwand

Wie groß der Unterschied in der Tonqualität ist, läßt sich leicht durch einen kleinen Versuch deutlich machen. Besonders eindrucksvoll ist es bei der Wiedergabe von Musik. Hierbei wird der Lautsprecher zuerst mit der Öffnung nach oben in Betrieb genommen. Ohne den Lautsprecher abzuschalten, wird er nun mit der Membranseite nach unten auf den Tisch gelegt, wobei er etwa 1/4 bis 1/3 über die Tischkante hinausragt. Beim zweiten Versuch mit dem Tisch als provisorischer Schallwand wird der Ton merklich besser sein.

Trotz modernster Kommunikationsmittel schreibt die international gültige Seestraßenordnung auch heute noch vor, daß vor Anker liegende Schiffe bei Nebel ihre Signale mit der Glocke geben müssen. Die ursprüngliche Aufgabe an Bord war das „Glasen“, mit dem der Ablauf von jeweils einer halben Stunde angezeigt wurde. Eine neue Variante mit Tonband für die in Bild 7.3.2 gezeigten Glocken.

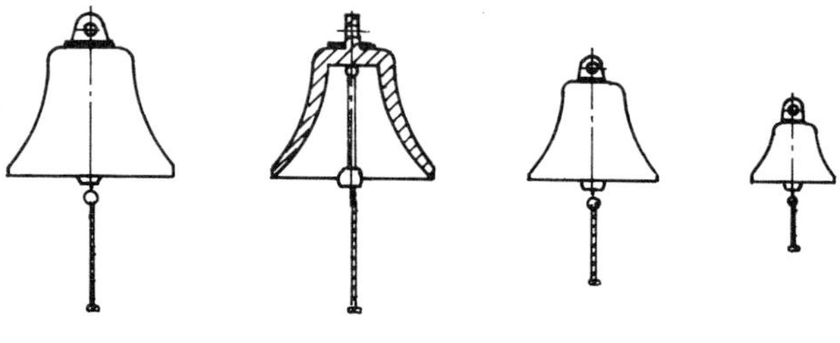

Bild 7.3.2 Glockenformen

7.4 Peiler, Radar, Antennen

Entgegen einer langsamen, aber stetigen Entwicklung im Schiffsbau, vollzog sich der Fortschritt in der Funk- und Ortungstechnik wesentlich schneller. Funkpeiler, Radar und Antennen haben in den letzten Jahrzehnten in bezug auf die verwendeten Geräte und Anordnungen mehrfache Wandlungen durchgemacht. Dies bedeutet für den Modellbauer, sich bei der Wahl handelsüblicher Zubehörteile sorgfältig dem Bauzustand des Originals anzupassen.

Die Entwicklung der Peilrahmen zeigt Bild 7.4.1. Es sind: a) einfacher Rahmen, b) einfacher Rahmen mit Stabantenne, c) zwei gegeneinander um 90° versetzte Rahmen und d) die gleiche Anordnung mit zusätzlicher Stabantenne.

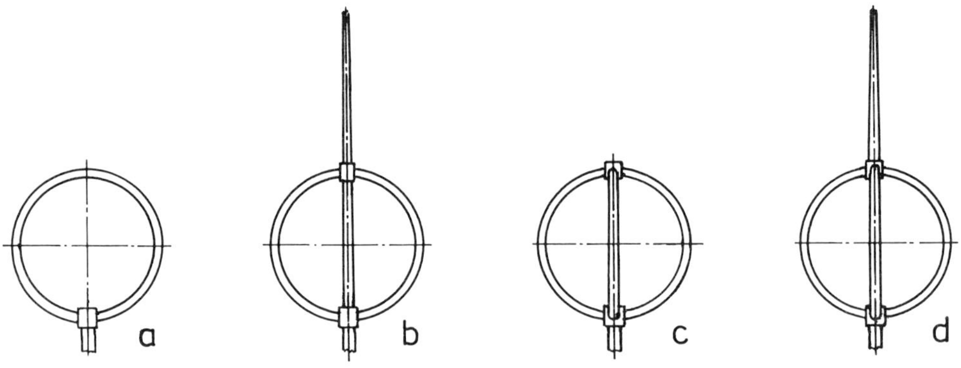

Bild 7.4.1 Entwicklung der Peilrahmen

Die Originalform eines Doppel-Peilrahmens auf einem kleinen Fahrgastschiff bringt Bild 7.4.2. Die stabförmige Hilfsantenne innerhalb des Rahmens dient zur Seitenbestimmung der Peilung.

Bild 7.4.2 Peilrahmen auf einem kleinen Fahrgastschiff

Für die Bestimmung des Standortes eines Schiffes werden zwei auseinanderliegende Funkfeuer mit unterschiedlichen Signalen angepeilt. Aus dem Schnittpunkt der beiden Richtungen ergibt sich die Schiffsposition.

Mit dem Radar läßt sich eine solche Ortung nicht vornehmen. Es dient vielmehr dazu, schon frühzeitig vor Sichtkontakt feste oder bewegliche Objekte zu erkennen. Ohne diese beiden sich ergänzenden Einrichtungen ist heute auch die Küstenschiffahrt nicht mehr denkbar.

Zur Erreichung eines möglichst großen Wirkungsbereiches finden Peiler und Radar ihren Platz an der höchsten Stelle eines Schiffes. Bild 7.4.3 zeigt in der Vorder- und Seitenansicht die Anordnung am Mast auf einem Tonnenleger. An der obersten Stelle befindet sich der Peilrahmen mit der Stabhilfsantenne. Darunter auf einem Podest das Topplicht und dahinter eine Stabantenne. Auf der etwas tiefer liegenden Rah sind zwei weitere Spezialantennen angebracht. Noch weiter nach unten folgen auf je einem Podest Radar und Typhon. Das ganze ist einbezogen in eine mit Schutzgitter versehene Plattform.

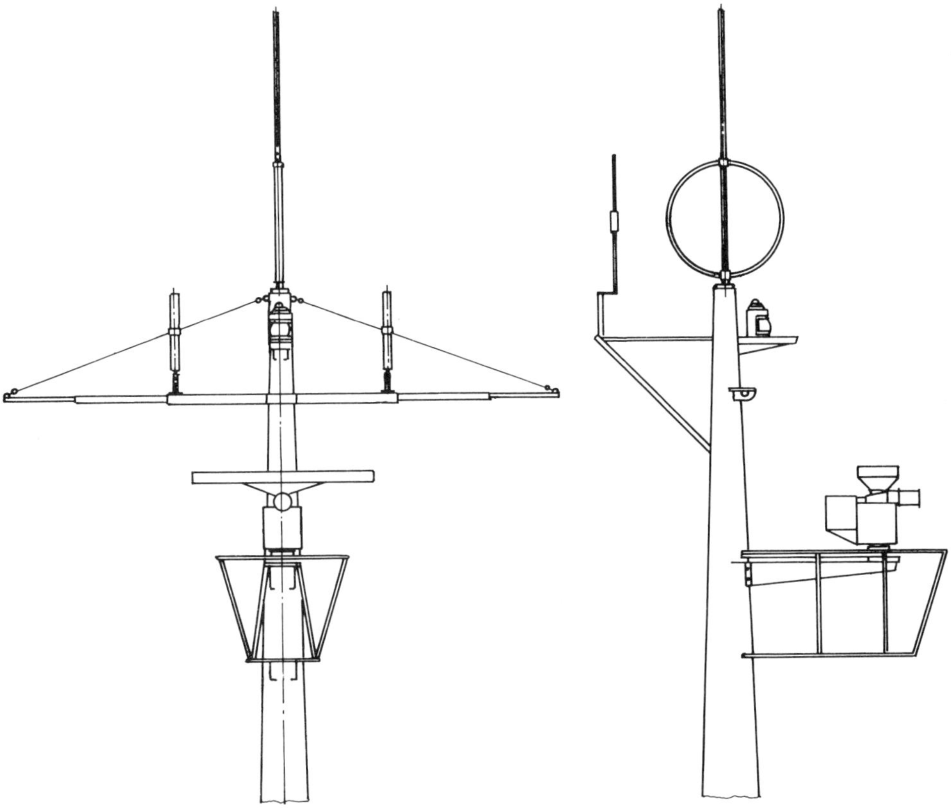

Bild 7.4.3 Mast mit Peiler und Radar auf einem Tonnenleger

Daß selbst kleine Fahrzeuge mit Radar ausgerüstet sind, macht die Aufnahme von einem Fischkutter in Bild 7.4.4 deutlich. Die Grundkonstruktion ist insofern in allen Fällen gleich, als der Radarschirm auf einem Gehäuse mit innen befindlichem Antrieb steht. Sofern das Radar nicht völlig frei steht, sondern auf einem Schiffsaufbau, läßt sich der Schirm von dem darunter liegenden Raum über einen Kleinst-E-Motor drehbar betreiben. Die Umdrehung je Minute sollte etwa 40 bis 60 betragen.

Bild 7.4.4 Radar auf einem Fischkutter

Bild 7.4.5 zeigt drei Fertigteile. Links im Bild ein Radarschirm mit Sockel, dessen Konstruktion keine Funktion zuläßt. In der Mitte ein einfacher Peilrahmen älterer Bauart, für dessen Betrieb an Bord eine ca. 2 m lange Eindraht-Hilfsantenne zur Seitenbestimmung erforderlich ist. Ganz rechts ein Doppel-Peilrahmen mit Stabhilfsantenne.

Bild 7.4.5 Radar und Peilrahmen als Fertigteile (Simprop)

Mit dem Übergang vom Mittel- und Langwellenbereich auf Kurz- und Ultrakurzwelle haben sich auch die Antennenverhältnisse wesentlich geändert. Auf älteren Schiffen wurden Ein- oder Zweidrahtantennen zwischen den beiden Masten gespannt. Die Niederführung erfolgte durch einen Antennenschacht in die hinter dem Ruder- und Kartenhaus befindliche FT-Kabine. Eine auch für den RC-Betrieb vorteilhafte Antennenanordnung geht aus Bild 7.4.6 hervor.

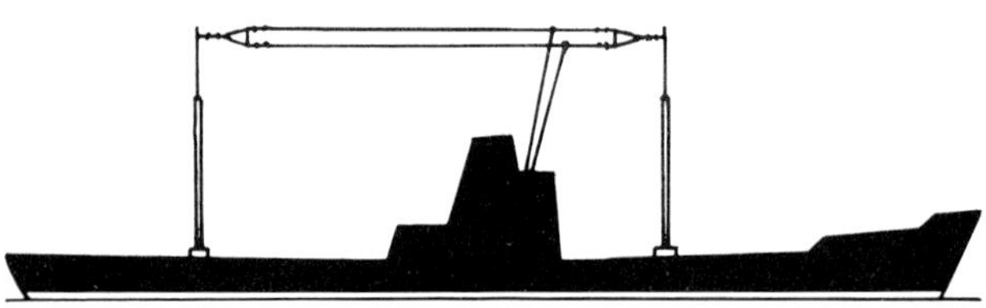

Bild 7.4.6 Antennenanordnung auf älteren Schiffen

Über die mit Abstand umfangreichsten Peil-, Radar- und Antennenanlagen verfügen Marinefahrzeuge. Wie sehr sie in den letzten Jahren zugenommen haben, zeigen die beiden folgenden Aufnahmen. Verhältnismäßig bescheiden nehmen sich die Anlagen beim Schnellboot der Jaguar-Klasse in Bild 7.4.7 aus.

Bild 7.4.7 Funk- und Ortungsanlagen auf einem älteren Schnellboot

Die wesentlich erweiterte Ausrüstung bei einem modernen Flugkörper-Schnellboot zeigt Bild 7.4.8.

Bild 7.4.8 Modernes Ortungs- und Funksystem auf einem Flugkörperschnellboot

8. Einzelteile

8.1 Ruderstand

Die Betätigung des Ruders durch eine Ruderpinne ist heute nur noch bei Segelbooten und älteren Ewern, wie auch bei der Emspünte aus Bild 8.1.1 üblich.

Bild 8.1.1 Ruder mit Pinne auf der Emspünte

In allen anderen Fällen wird das Ruder über einen vom Steuerrad bewegten Seil- oder Kettenzug betätigt. Bild 8.1.2 bringt die Konstruktionszeichnung eines Ruderstandes. Als Anhaltspunkt für ein Modell kann davon ausgegangen werden, daß sich die Nabe des Steuerrades beim Original in einer Höhe von 80 bis 90 cm über dem Boden befindet.

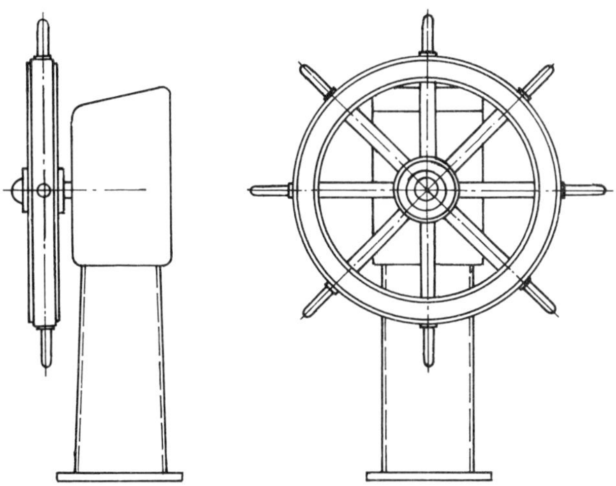

Bild 8.1.2 Konstruktion eines Ruderstandes

Aus dem Zubehörangebot zeigt Bild 8.1.3 einen ganz aus Messing gefertigten Ruderstand mit beweglichem Steuerrad. Bei dem Steuerrad kann zwischen den Durchmessern von 20, 30 und 40 mm gewählt werden. Während die mittlere Größe in etwa dem Maßstab 1:25 entspricht, können die beiden anderen Steuerräder für die Maßstäbe 1:40 und 1:20 durchgehen.

Bild 8.1.3 Ruderstand aus Messing mit drehbarem Steuerrad (WEMO)

Von den drei in Bild 8.1.4 dargestellten Steuerrädern handelt es sich links um eine moderne Ausführung mit einem Durchmesser von 40 mm. Da diese Steuerräder vielfach auf eine kraftverstärkende Rudermaschine wirken, genügen kleinere Durchmesser, so daß hier von einem Maßstab von 1:10 ausgegangen werden kann. Die beiden weiteren Steuerräder mit je 60 mm Durchmesser sind aus Holz.

Bild 8.1.4 Steuerräder als Zubehörteile (robbe)

Sofern sich der Steuerstand bei Modellen innerhalb der Aufbauten befindet, ist deren praktische Ausführung ohne Bedeutung. Anders verhält es sich jedoch bei Zweckfahrzeugen, bei denen der Steuermann von einem offenen Ruderstand einen größeren Überblick hat, um schnelle Entscheidungen treffen zu können. Ein solcher Ruderstand auf einem Hafenschlepper geht aus Bild 8.1.5 hervor.

Bild 8.1.5 Offener Ruderstand auf einem Hafenschlepper

Seenot-Rettungskreuzer wurden schon oft nachgebaut. Den offenen Ruderstand des Originals aus Bild 8.1.6 dürften jedoch nur die wenigsten Modellbauer kennen.

Bild 8.1.6 Ruderstand eines Seenot-Rettungskreuzers

Offene Ruderstände sind bei Segelschiffen selbstverständlich. Bei dem am Heck befindlichen Steuerstand der „Gorch Fock“ aus Bild 8.1.7 erhält der Rudergänger, mit Blick nach achtern, den nach Kompaß zu steuernden Kurs vom Steuermann vorgegeben.

Bild 8.1.7 Steuerstand auf einem Segelschulschiff

Einen Blick auf den Steuerstand des englischen Schnellbootes „Strahl“ mit der Vielzahl seiner technischen Ausrüstung vermittelt Bild 8.1.8.

Bild 8.1.8 Ruderstand eines englischen Schnellbootes

8.2 Kompaß und Maschinentelegraf

Der Magnetkompaß ist neben den elektronischen Ortungseinrichtungen ein wichtiges Hilfsmittel bei der Navigation. Die Ausrüstung eines Schiffsmodells mit einem Kompaß hängt davon ab, ob er sich beim Original an sichtbarer Stelle befindet, wie z. B. bei einem offenen Ruderstand. Der Magnetkompaß steht unmittelbar vor dem Steuerstand in einer gesonderten Säule. Um eine Beeinflussung durch Stahlmassen zu verhindern, sind in seiner Nähe nur Aufbauten aus Leichtmetall oder Holz zugelassen. Bei einem weiteren Notsteuerstand muß dort ein zweiter Magnetkompaß vorhanden sein.

Für einen modellmäßigen Nachbau bringt Bild 8.2.1 die Konstruktionszeichnung. Bei einer Originalhöhe um ca. 1,35 m ergeben sich in den Maßstäben 1:25, 1:50 und 1:100 als ungefähre Abmessungen 54 – 27 und 13,5 mm. In diesen Größen läßt sich zur Arbeitserleichterung vieles stilisieren.

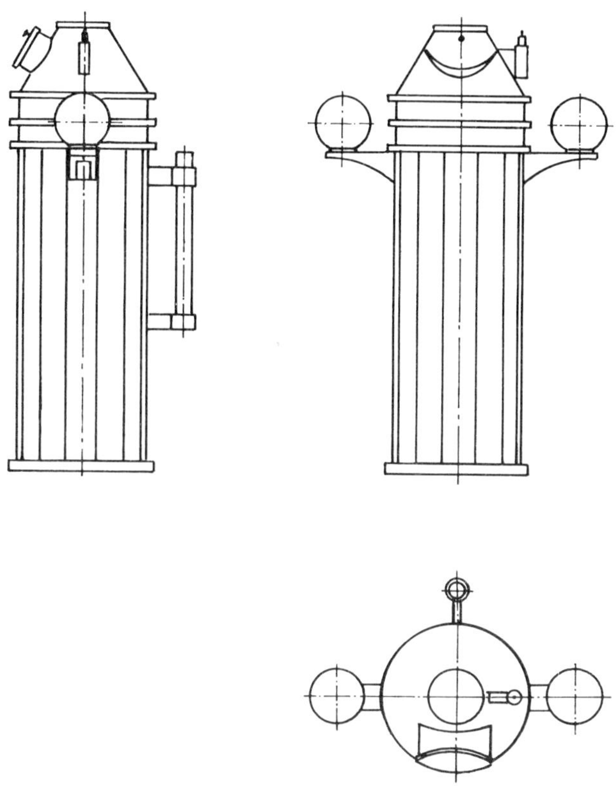

Bild 8.2.1 Bauvorschlag für einen Magnetkompaß

Auf größeren Schiffen befindet sich in einem besonderen Raum des mittleren Schiffsbereiches ein Kreiselkompaß, in dem sich ein Kreisel mit etwa 20 000 min^{-1} dreht. Hierbei stellt sich die horizontale Kreiselachse in Nord-Süd-Richtung ein. Von diesem sogenannten Mutterkompaß wird seine Stellung auf elektrischem Weg auf die Tochterkompasse in Ruderhaus, den Brückennocken, dem Peildeck und den Notruderstand übertragen.

Maschinentelegrafen übermitteln Angaben über die Fahrtgeschwindigkeit von der Brücke zur Maschine. Die Anzahl der Maschinentelegrafen ist abhängig von der Größe des Schiffes. Grundsätzlich kann davon ausgegangen werden, daß sich außer in der Nähe des Steuerstandes weitere an den Stellen befinden, von wo aus An- und Ablegemanöver dirigiert werden.

Für den Nachbau als Ausrüstungsteil zeigt Bild 8.2.2 die Konstruktion von je einem Maschinentelegrafen mit einem und zwei Hebeln für Ein- bzw. Zweischraubenantrieb. Die Fahrtstufen umfassen neben Halt bei Voraus und Zurück noch langsam sowie halbe und volle Kraft.

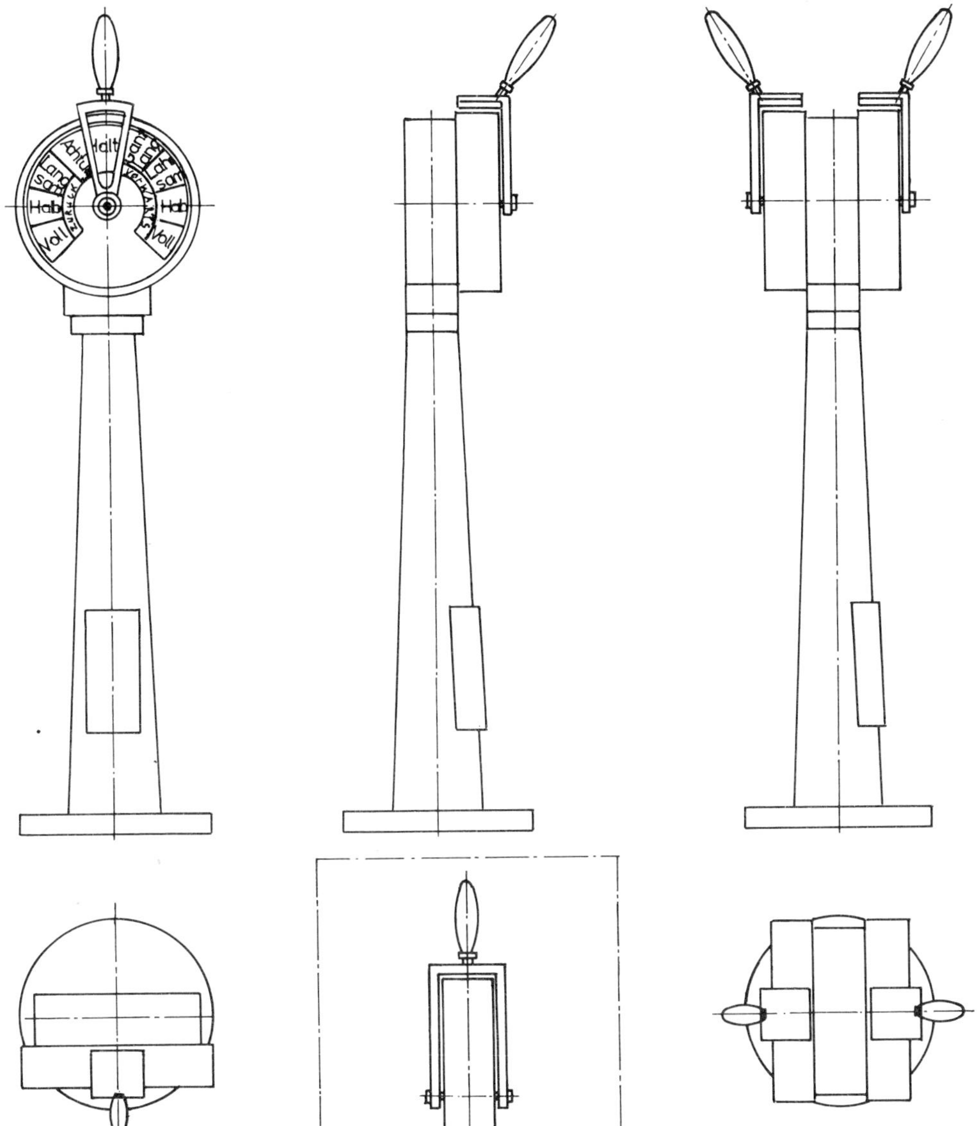

Bild 8.2.2 Konstruktion eines Maschinentelegrafen

8.3 Scheinwerfer

Scheinwerfer auf Schiffen dienen zum Beleuchten von entfernten Objekten bei Nacht oder schlechter Sicht sowie zum Signalisieren. Für den Modellbauer kommt in erster Linie letzteres in Betracht. Da nur wenige das Morsealphabet beherrschen, genügen kurze und lange Lichtblitze.

Die Anordnung von zwei Scheinwerfern auf einem Podest des Modells „Prinz Eugen“ zeigt Bild 8.3.1.

Bild 8.3.1 Scheinwerferstand auf einem Schweren Kreuzer

Die Zeichnungen in Bild 8.3.2 geben Konstruktionshinweise für den Nachbau eines Scheinwerfers.

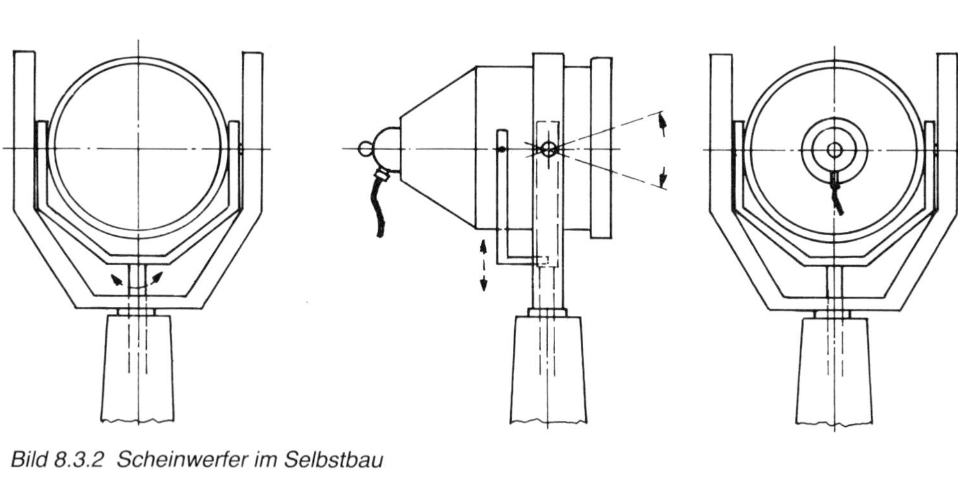

Bild 8.3.2 Scheinwerfer im Selbstbau

8.4 Figuren an Bord

Auf Sportbooten aus Baukästen, die kaum über eine technische Ausrüstung verfügen, findet man am ehesten Fahrgäste, wie es Bild 8.4.1 zeigt.

Bild 8.4.1 Sportboot mit Puppe (robbe)

Mehr Passagiere befinden sich auf dem Ausflugsdampfer von Bild 8.4.2. Biegefiguren und Dekorationspuppen gibt es u. a. in den Maßstäben 1:16, 1:20 und 1:30 sowie als Figuren für Modelleisenbahnen in mehreren Größen.

Bild 8.4.2 Passagiere auf einem Ausflugsdampfer

Nachwort

Für eine möglichst umfassende Behandlung des Themenkreises wurden neben den Vorbildern aus der Großschiffahrt und Aufnahmen von Modellbau-Zubehörteilen, Maßangaben und Bauhinweise gebracht. Die handelsüblichen Einzelteile erfordern bei der Wahl für den Einbau bei Bauplan-Modellen besondere Aufmerksamkeit. Wenngleich das Angebot an Ausrüstungsteilen weit über die hier gezeigten Ausführungen hinausgeht, sind nicht alle für die durchweg in geraden Maßstäben gebauten Modelle geeignet. Die Teile stammen meistens aus der Fertigung von Beschlagsätzen für Baukasten-Modelle in überwiegend ungeraden Maßstäben. Die Folge ist, daß die Teile nur bedingt von den Abmessungen, und auch nicht immer von der Bauzeit der Originale her, den richtigen Formen entsprechen. Trotzdem bringt ihre Verwendung in vielen Fällen eine wesentliche Arbeitsentlastung. Für eine hohe Punkteerwartung bei der Standbewertung auf Wettbewerben bleibt dagegen nur der Eigenbau. Da einzelne Teile gleichzeitig von mehreren Großhändlern angeboten werden, empfiehlt sich ein Preisvergleich.

Bezugshinweise

Ausrüstungsteile für Schiffsmodelle sind in Modellbau-Fachgeschäften erhältlich. Einen Überblick über Liefermöglichkeiten der aufgeführten Einzelteile geben die beim Fachhandel einsehbaren oder gegen eine Schutzgebühr erhältlichen Kataloge der Firmen:

aeronaut-Modellbau, Stuttgarter Straße 18, D-7410 Reutlingen

Gundert, Planckstraße 28, D-7000 Stuttgart 1

Graupner, Henriettenstraße 94–96, D-7312 Kirchheim/Teck

Marx-Lüder, Adlerweg 17, D-7121 Gemmrigheim/N.

robbe-Modellsport, Metzloser Straße, D-6424 Grebenhain 1

Simprop Electronic, Ostheide 5, D-4834 Harsewinkel

Steingraeber, Werraweg 1, D-3570 Stadtallendorf

Wedico-Technik, Dahler Straße 72, D-5600 Wuppertal

WEMO-Weber Modellbau, Luruper Weg 15, D-2083 Halstenbek

Weitere Titel von Theodor Vieweg

erschienen in unserer Modell-Fachbuchreihe

144 Seiten, 148 Abbildungen
Best.-Nr. 101 DM 22,50

136 Seiten, 129 Abbildungen
Best.-Nr. 133 DM 24,–

192 Seiten, 267 Abbildungen
Best.-Nr. 159 DM 30,60

In der außerordentlich preisgünstigen und informativen Reihe Modell-Spezial sind neu erschienen:

64 Seiten, 68 Abbildungen
Best.-Nr. 187 DM 12,–

64 Seiten, 92 Abbildungen
Best.-Nr. 148 DM 12,–

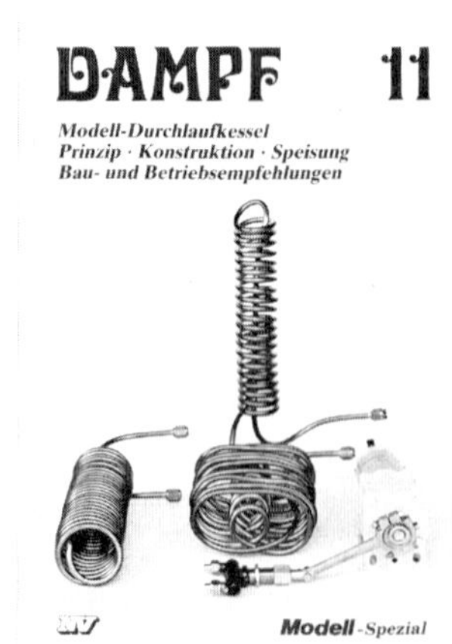

64 Seiten, 31 Abbildungen
Best.-Nr. 149 DM 12,–

Alle Titel finden Sie in unseren ausführlichen Sonderprospekten.
Bitte fordern Sie diese unverbindlich an.

NECKAR-VERLAG GmbH, Postfach 1820
7730 Villingen-Schwenningen